高职院校提质培优行动计划项目立项教材
高等职业教育**校企合作新形态**教材

仪器分析

YIQI FENXI

权春梅　刘文苹◎主编

化学工业出版社
·北京·

内容简介

本教材依据高等职业教育教学理念和制药企业仪器分析工作岗位需要而编写，重点介绍了当今仪器分析中最常用的电位分析技术、紫外-可见分光光度技术、红外光谱实用技术、原子吸收光谱技术、经典色谱技术、薄层色谱技术、气相色谱技术及高效液相色谱技术等，旨在培养中药及药学相关专业学生仪器分析岗位的操作技能及职业素养。本教材以任务为驱动，系统介绍了仪器分析岗位需要具备的基础知识和操作技能，既有理论学习又有实验能力训练，可以满足不同需求者的学习要求。

为了增加教材的直观性以及满足学生信息化的学习方式，将学习课件和相关实验操作作为数字资源，以二维码的方式植入教材，学生可扫码进行学习。

本教材可供医药卫生类高等职业院校的中药学、药学、药品质量与安全、制药技术等药学相关专业选用，也可作为制药企业药品检验岗位的员工培训教材。

图书在版编目（CIP）数据

仪器分析/权春梅，刘文苹主编.—北京：化学工业出版社，2024.2
ISBN 978-7-122-44434-9

Ⅰ.①仪… Ⅱ.①权…②刘… Ⅲ.①仪器分析-教材 Ⅳ.①O657

中国国家版本馆CIP数据核字（2023）第215080号

责任编辑：蔡洪伟　旷英姿　　　　文字编辑：邢苗苗
责任校对：刘曦阳　　　　　　　　装帧设计：王晓宇

出版发行：化学工业出版社（北京市东城区青年湖南街13号　邮政编码100011）
印　　装：河北鑫兆源印刷有限公司
787mm×1092mm　1/16　印张12¼　字数284千字　2024年2月北京第1版第1次印刷

购书咨询：010-64518888　　　　售后服务：010-64518899
网　　址：http://www.cip.com.cn
凡购买本书，如有缺损质量问题，本社销售中心负责调换。

定　价：39.80元　　　　　　　　　　　　　　　　　　　版权所有　违者必究

编写人员名单

主　编

权春梅（亳州职业技术学院）

刘文苹（亳州学院）

副主编

吴小菲（安徽中药科技学校）

王　庆（亳州职业技术学院）

柴翠元（淮南联合大学）

其他编写人员

丁瑞苹（亳州职业技术学院）

李　扬（亳州职业技术学院）

李媛媚（亳州职业技术学院）

孙　玉（安徽中药科技学校）

前言

　　仪器分析是高职高专化学化工、医药、食品等专业所开设的一门重要专业必修课之一。掌握仪器分析的基础理论知识、基本分析方法、基本技能是从事化学、医药和食品等行业质量控制或检测工作者的必备职业素质和岗位要求。培养高素质、实用型现代仪器分析技能型人才是本课程的首要任务与目标。

　　本教材是安徽省高职教育提质培优行动计划中职业教育规划教材建设的成果，也是"三教改革"的教学成果。本教材突破传统的章节式的编写方法，以"项目＋任务"的形式开展内容的编写，每个任务下都以表格的形式给出任务情景、任务分析、任务目标、任务实施及任务总结等清单，让学生更清楚要做什么任务，要完成这个任务需要具备哪些知识，怎么做，这样学习就更有针对性和目的性。编者在组织编写本教材时，更偏向于实践性的教学内容，而理论知识，以够用为度，这也是符合高职专业教育的一个特点。本教材在具体的任务实施过程中有机融入党的二十大精神，有利于培养学生的职业精神、工匠精神。

　　在每个项目中，一般包括三到四个任务。任务一通常是对于方法技术的基本认识，主要介绍理论知识，这部分内容编写较为简要，以够用为度。任务二通常是仪器的结构、仪器的操作和使用以及仪器的日常维护，这部分内容编写比较详细，甚至有的仪器还配有操作使用视频，目的就是突出实践性的特点，让学生通过学习能掌握仪器的使用，更注重学生动手实践能力的培养。任务三通常是对于每个方法的具体应用，通过进入企业调研，引入企业中的真实案例，以企业中的真实案例来展现分析方法的应用，这也突出"职业性"的特点。

　　另外，本教材也是一本以"做"为中心的"教学做合一"的教材，理论和实验相结合，实验内容按照学生的认知水平，有层次地开展，对接企业实际和国家标准，尽量选择与中药或者药学相关且在企业里比较常做的实验项目，或者直接选择《中华人民共和国药典》中的项目。与常规教材的实验编写不同，编者对实验操作过程及操作方法进行了更为详细的分解，以表格的形式重点突出实验操作过程，方便学生掌握。在实验的最后，还有学习结果评价，方便学生自我测评。本教材编写了十一个实验能力训练，可以满足不同学习层次学生对实验课时的要求。

　　最后，本教材还是一本新形态一体化教材，发挥"互联网＋教材"的优势，实现教学资源的共建共享。主要是体现知识在云端这一新颖信息化的手段应用，在每个任务后面会有该任务下的二维码，学生通过扫描二维码可以获取该任务对应的PPT和教学视频，方便学生即时学习和个性化学习，也有助于教师创新教学模式。

本教材项目一由吴小菲编写，项目二由丁瑞苹编写，项目三由权春梅编写，项目四由李媛媚编写，项目五由柴翠元编写，项目六由王庆编写，项目七由孙玉编写，项目八由李扬编写，项目九由刘文苹编写。另外，亳州职业技术学院的张黎娟老师参与了气相色谱仪的操作及使用视频的录制工作。

本教材的编写得到了亳州职业技术学院的大力支持，也得到了亳州市沪谯药业有限公司郭长达和安徽万花草生物科技有限公司李金富的指导，亳州市农产品质量检验检测研究院为气相色谱仪使用视频的拍摄提供了支持，在此，一并表示感谢。

由于编者水平有限，且编写时间仓促，书中难免有不足之处，敬请批评指正！

编者

2023 年 10 月

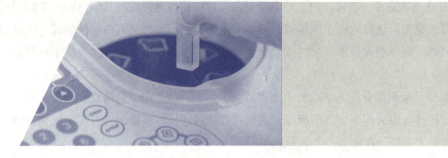

目录

项目一　仪器分析概述　　　　　　　　　　　　　　　　　　　001

　　任务一　认识仪器分析　　　　　　　　　　　　　　　　　002
　　知识测试与能力训练　　　　　　　　　　　　　　　　　　006

项目二　电位分析技术　　　　　　　　　　　　　　　　　　　007

　　任务一　认知电位分析法　　　　　　　　　　　　　　　　008
　　任务二　使用酸度计测量溶液的 pH　　　　　　　　　　　　014
　　任务三　使用电位滴定法进行药物的含量测定　　　　　　　　021
　　任务四　使用永停滴定法进行药物的含量测定　　　　　　　　025
　　知识测试与能力训练　　　　　　　　　　　　　　　　　　028
　　实验能力训练一　氯化钠注射液的酸度检查　　　　　　　　　029

项目三　紫外－可见分光光度技术　　　　　　　　　　　　　　032

　　任务一　认知紫外－可见分光光度法　　　　　　　　　　　　033
　　任务二　操作和使用紫外－可见分光光度计　　　　　　　　　038
　　任务三　应用紫外－可见分光光度法进行定性和定量分析　　　049
　　知识测试与能力训练　　　　　　　　　　　　　　　　　　053
　　实验能力训练二　不同浓度高锰酸钾溶液吸收曲线的扫描　　　055
　　实验能力训练三　标准曲线法测定未知高锰酸钾溶液浓度　　　057
　　实验能力训练四　维生素 B_1 注射液的含量测定　　　　　　059

项目四　红外光谱实用技术　　　　　　　　　　　　　　　　　062

　　任务一　认知红外吸收光谱法　　　　　　　　　　　　　　063

任务二　操作和使用红外光谱仪　　069
　　任务三　应用红外光谱法进行物质鉴别和结构解析　　073
　　知识测试与能力训练　　076
　　实验能力训练五　阿司匹林原料药的鉴定　　077

项目五　原子吸收光谱技术　　080
　　任务一　认知原子吸收光谱法　　081
　　任务二　操作和使用原子吸收分光光度计　　085
　　任务三　原子吸收分光光度法的样品处理和定量分析　　097
　　知识测试与能力训练　　102
　　实验能力训练六　原子吸收光谱法测定葡萄糖酸钙氯化钠注射液中氯化钠的含量　　103

项目六　经典色谱技术　　107
　　任务一　认知色谱法　　108
　　任务二　应用液－固吸附柱色谱法进行样品的分离　　109
　　任务三　应用凝胶柱色谱法进行样品的分离　　114
　　任务四　应用纸色谱法进行样品的分离和鉴定　　117
　　知识测试与能力训练　　119
　　实验能力训练七　氧化铝柱色谱法分离植物色素　　120

项目七　薄层色谱技术　　122
　　任务一　认知薄层色谱法　　123
　　任务二　运用薄层色谱法对白芍药材进行鉴别检查　　128
　　知识测试与能力训练　　133
　　实验能力训练八　板蓝根薄层鉴别　　133

项目八　气相色谱技术　　137
　　任务一　认知气相色谱法　　138
　　任务二　操作和使用气相色谱仪　　142
　　任务三　应用气相色谱法进行定性和定量分析　　148
　　知识测试与能力训练　　152
　　实验能力训练九　九种有机氯类农药对照品气相色谱实验　　154

项目九　高效液相色谱技术　　157

　　任务一　认知高效液相色谱法　　158
　　任务二　操作和使用高效液相色谱仪　　162
　　任务三　应用高效液相色谱法进行定性和定量分析　　178
　　知识测试与能力训练　　182
　　实验能力训练十　高效液相色谱法测定牡丹皮中丹皮酚的含量　　182
　　实验能力训练十一　高效液相色谱法测定甲硝唑片中甲硝唑的含量　　184

参考文献　　187

二维码目录

序号	二维码名称	资源类型	页码
1	任务 1-1 知识锦囊	PPT	6
2	任务 2-1 知识锦囊	PPT	14
3	pH 计的使用	视频	20
4	任务 2-2 知识锦囊	PPT	21
5	任务 2-3 知识锦囊	PPT	24
6	任务 2-4 知识锦囊	PPT	28
7	任务 3-1 知识锦囊	PPT	38
8	紫外-可见分光光度计的结构及使用	视频	46
9	任务 3-2 知识锦囊	PPT	48
10	任务 3-3 知识锦囊	PPT	53
11	不同浓度高锰酸钾溶液吸收曲线的扫描	视频	56
12	任务 4-1 知识锦囊	PPT	68
13	红外光谱仪的使用	视频	72
14	任务 4-2 知识锦囊	PPT	73
15	任务 4-3 知识锦囊	PPT	76
16	任务 5-1 知识锦囊	PPT	84
17	原子吸收分光光度计的使用	视频	90
18	任务 5-2 知识锦囊	PPT	97
19	任务 5-3 知识锦囊	PPT	102
20	任务 6-1 知识锦囊	PPT	109
21	任务 6-2 知识锦囊	PPT	113
22	任务 6-3 知识锦囊	PPT	117
23	任务 6-4 知识锦囊	PPT	119
24	任务 7-1 知识锦囊	PPT	127
25	任务 7-2 知识锦囊	PPT	132
26	任务 8-1 知识锦囊	PPT	142
27	气相色谱仪的使用	视频	145
28	任务 8-2 知识锦囊	PPT	148
29	任务 8-3 知识锦囊	PPT	152
30	任务 9-1 知识锦囊	PPT	162
31	流动相的过滤和脱气	视频	164
32	高效液相色谱仪的使用	视频	169
33	任务 9-2 知识锦囊	PPT	178
34	任务 9-3 知识锦囊	PPT	181

项目一
仪器分析概述

知识目标

（1）掌握仪器分析的概念。
（2）熟悉仪器分析的特点及发展趋势。
（3）了解分析仪器的主要性能参数。

技能目标

（1）能够对常规仪器分析的方法进行分类。
（2）能根据分析对象选择合适的分析方法。

素质目标

（1）激发学生学习仪器分析的兴趣。
（2）培养学生对仪器分析的热爱。

任务一

认识仪器分析

任务清单 1-1
认识仪器分析

名称	任务清单内容
任务情景	查阅《中华人民共和国药典》中白芍的含量测定方法，该法是属于化学分析法还是仪器分析法？说出该法的特点
任务分析	分析化学包括化学分析和仪器分析，仪器分析主要针对微量和超微量分析
任务目标	1. 掌握仪器分析的概念 2. 了解仪器分析的特点及发展趋势 3. 了解分析仪器的主要性能参数
任务实施	1. 仪器分析介绍 2. 仪器分析的特点与分类 3. 分析仪器的主要性能参数 4. 仪器分析发展趋势
任务总结	通过完成上述任务，你学到了哪些知识或技能

一、仪器分析介绍

研究物质的组成、状态和结构的科学，称为分析化学。分析化学包括化学分析和仪器分析，自 20 世纪 30 年代后期以来，分析化学突破了以经典化学分析为主的局面，开创了仪器分析的新时代，并且分析化学的内涵不断丰富使之发生了一系列根本性的变化。

仪器分析是指采用比较复杂或特殊的仪器设备，通过测量物质的某些物理或物理化学性质的参数及其变化来获取物质的化学组成、成分含量及化学结构等信息的一类方法。目前，仪器分析充分利用了相关学科的新理论、新技术，逐步发展成为一门多学科性的综合性科学，与生命科学、环境科学、新材料科学有关的仪器分析法已成为分析科学中最为热门的课题，同时也对仪器分析提出了更高的要求，随着科技的发展和社会的进步，仪器分析将面临更深刻、更广泛和更激烈的变革。现代分析仪器的更新换代和仪器分析新方法、新技术的不断创新与应用，是这些变革的重要内容。因此，仪器分析在高等职业院校课程中所处的地位日趋重要，许多学校为了使自己培养的人才能从容迎接和面对新世纪科学技术的挑战，已将仪器分析列为中药、药学等相关专业学生必修的专业基础课。

二、仪器分析的特点和分类

（一）仪器分析的特点

仪器分析不同于化学分析，仪器分析的特点主要表现在以下几个方面。

（1）灵敏度高。仪器分析可以分析含量很低的组分，通常可达 $10^{-6} \sim 10^{-12}$，甚至更低。例如原子吸收分光光度法测定某些元素的绝对灵敏度可达 10^{-14}。

（2）样品用量少。所用仪器分析试样常在 $10^{-2} \sim 10^{-8}$ g，如气相色谱法分析只需要几微升试样。

（3）操作简便快速。化学分析所需时间长，操作烦琐，比如重量分析法一次试验需要 $3 \sim 5$ h。而原子吸收光谱分析一次样品仅仅需要几分钟。

（4）选择性好。化学分析中选择性最好的配位滴定依然有很多干扰，需要烦琐的掩蔽、还原等方法去除干扰。而仪器分析可以通过选择或者调整测定条件使共存组分不产生干扰。

（5）自动化程度高。绝大多数仪器分析法可与计算机相连，可作即时、在线分析控制生产过程和环境自动监测与控制。随自动化、程序化程度的提高，操作将更趋于简化。

但是，仪器分析也有一些局限性，比如仪器设备较复杂，价格较昂贵；某些仪器对环境要求较高；由于样品的用量少，相对误差较大，不适用于常量分析；另外，几乎所有的仪器分析方法都是比较法，需要标准物质作参考，而化学分析法则无需标准物质。

（二）仪器分析的分类

随着科学技术的迅猛发展，仪器分析方法也得到了不断创新和进步，其应用领域也不断扩大，仪器分析已成为药学（药品类）、医学检验、食品卫生、预防医学等学科的专业基础课。因此，有关仪器分析方法的基本原理和实验技术，已成为从事这些工作的人员所必须掌握的基础知识和基本技能。由于物质的物理或物理化学性质很多，因此仪器分析的方法也有很多，而且各自比较独立，可自成体系。根据分析的原理，常用的仪器分析方法通常可以分为以下三大类。

1. 电化学分析法

利用待测组分在溶液中的电化学性质进行分析测定的一类仪器分析方法，其理论基础是电化学与化学热力学。通常是将分析试样溶液构成一个化学电池，然后根据所组成电池的某些物理量与其化学量之间的内在联系进行定性分析或定量分析。根据所测量的电信号不同可分为：电位分析法、伏安分析法、电导分析法与电解分析法（库仑分析法）。根据药学类专业特点及应用，本教材重点介绍电位分析法。

2. 光学分析法

利用待测组分的光学性质进行分析测定的一类仪器分析方法，其理论基础是光学。通常分为光谱法和非光谱法两类。

（1）光谱法：基于物质吸收外界能量时，物质的原子或分子内部发生能级之间的跃迁，产生发射光谱或吸收光谱，再根据其中的发射光或吸收光的波长与强度，进行定性分析、定量分析、结构分析等。常见的光谱法有以下几种。

① 紫外 - 可见吸收光谱法（UV-Vis）：利用物质分子对紫外 - 可见光的吸收特征和吸收

强度，对物质进行定性和定量分析的一种仪器分析方法。这里通常指光的波长为近紫外～可见的范围，即 200～800nm。

② 原子吸收光谱法（AAS）：基于被测元素的基态原子在蒸气状态下对特征谱线的吸收进行定性和定量分析的方法。应用较广的有火焰原子吸收法和非火焰原子吸收法，后者的灵敏度较前者高 4～5 个数量级。

③ 红外吸收光谱法（IR）：主要用于鉴定有机化合物的组成，确定化学基团及定量分析，已用于无机化合物。

（2）非光谱法一般包括旋光（偏振光）分析法、折射光分析法、比浊分析法、光导纤维传感分析法、光及电子衍射分析法等。

3. 色谱分析法

利用混合物中各组分在互不相容的两相（固定相与流动相）中的吸附、分配、离子交换等性能方面的差异进行分离分析测定的一类仪器分析方法。按固定相使用形式，可分为柱色谱法、纸色谱法和薄层色谱法。按流动相的物态，可分为气相色谱法和液相色谱法。

综上所述，常用仪器分析法见表 1-1 所示。

表 1-1　常用仪器分析法

仪器分析（按方法原理分类）	电化学分析法		电位分析法
	光学分析法	光谱法	紫外-可见吸收光谱法
			原子吸收光谱法
			红外吸收光谱法
		非光谱法	
	色谱分析法		薄层色谱法
			气相色谱法
			高效液相色谱法

三、分析仪器的主要性能参数

（一）精密度

精密度是指在相同条件下对同一样品进行多次平行分析，多次平行分析结果相互接近的程度。同一人员在同一条件下分析的精密度称为重复性，不同人员在各自条件下分析的精密度称为再现性。通常情况下说的精密度指的是重复性。

精密度一般用标准偏差 S 或者相对标准偏差 RSD（%）来表示，偏差值越小，精密度则越高。计算标准偏差的公式如下：

$$S = \sqrt{\frac{\sum_{i=1}^{n}(x_i - \overline{x})}{n-1}} \tag{1-1}$$

式中，n 为测定次数；x_i 为个别测定值；$\overline{x}$ 为平行测定结果的平均值；$(n-1)$ 为自由度。

计算相对标准偏差的公式如下：

$$RSD = \frac{S}{\overline{x}} \times 100 \tag{1-2}$$

（二）准确度

准确度是多次测定的平均值与其真值相符合的程度，用误差或者相对误差表示，误差或者相对误差越小，准确度越高。

（三）线性范围

线性范围是指利用一种方法取得精密度、准确度均符合要求的试验结果，而且呈线性的供试物浓度的变化范围，其最大量与最小量之间的间隔，可用 mg/L ~ mg/L、μg/mL ~ μg/mL 等表示。线性范围越宽，样品测定的浓度适用性越强。

（四）灵敏度

灵敏度是指当待测样品在低浓度区域时，浓度改变一个单位所引起的测定信号的改变量，它受校正曲线和仪器本身精密度的影响。

（五）检测限与定量限

检测限一般是指检测下限，即能被仪器检测出的最低浓度或者最小质量。定量限是指样品中被测物能被定量测定的最低量，其测定结果应具有一定的准确度。

四、仪器分析的发展趋势

进入 21 世纪，随着电子技术、计算机技术等的迅速发展，在经典化学分析方法不断仪器化的同时，新的仪器与新的方法也不断涌现。在分析化学学科本身的发展上以及和化学相关的领域，如医药卫生、生命科学与材料科学等方面，仪器分析都起着越来越重要的作用。现代仪器分析正向着智能化、数字化方向发展，表现出以下发展趋势。

1. 准确度与灵敏度的要求越来越高

随着科学技术的不断进步，对于仪器分析准确度与灵敏度的要求也不断增高。激光技术的引入使光谱技术得到了发展，使单原子（分子）的检测成为了可能。比如，食品中的农药残留限量值由原来的 mg/kg 调至 μg/kg。

2. 联用分析技术日趋成熟

为了对复杂样品进行快速的定性和定量分析，近年来，分析仪器联用技术日趋成熟。仪器联用技术就是将功能不同的仪器连接在一起实现功能互补的技术，以便得到一种更简捷、更有效的分析技术，来探索只用一种技术无法获取的信息。在仪器分析方面，目前较成功的联用仪器有：气相色谱 - 紫外光谱，液相色谱 - 核磁共振，气相色谱 - 傅里叶变换红外光谱，液相色谱 - 质谱等。随着计算机技术的不断进步，预计联用仪器会得到进一步发展。

3. 分析仪器的微型化

随着微制造技术、纳米技术和新功能材料等高新技术的不断发展，分析仪器正沿着大型落地式→台式→移动式→便捷式→手持式→芯片实验室的方向发展，越来越小型化、微型化。仪器分析的微型化特别适用于现场快速分析。

4. 分析仪器的自动化、智能化与网络化

由于计算机技术及应用软件的飞速发展和自动控制技术等在分析仪器的应用，世界分析仪器技术可以说是正在经历一场革命性的变化，传统的热学、电化学、光学、色谱、波谱类分析技术都已从经典的化学精密机械电子结构、实验室内人工操作的应用模式，转化为光、机、电、算一体化及自动化的结构，仪器自动化、智能化、网络化水平不断提高。例如，应用十分广泛的光谱仪、色谱仪等，具有自校正、自诊断及联网功能。一些高级的分析仪器还能进行复杂的数学变换（如傅里叶变换、阿达马变换），并配有专家分析系统、数据库以及三维图谱分析功能。一个复杂的样品在几分钟或更短的时间内就得出分析结果。

5. 分析仪器的应用范围日益扩展

以前仪器分析主要服务于监控工农业生产、保证产品质量。现在仪器分析的应用领域已经大大拓展，其中最引人注目的是其在生物技术及医药学等领域的应用日新月异。例如，紫外分析仪广泛应用于分子生物学、生物化学、医学检验、生物制品等各个领域，是基因扩增

技术必备仪器之一。PCR 仪以聚合酶链式反应为特征，进行基因分析以及检测各种病原体中的 DNA 和 RNA，广泛应用于分子生物学、医学、食品工业、生物工程等领域。

总而言之，仪器分析技术还将不断地吸取数学、物理学、计算机科学以及生物学中的新思想、新理念、新方法和新技术，改进和完善现有的仪器分析技术，并逐步研究和开发一批新的仪器分析技术，朝着快速、准确、自动、灵敏及适应特殊分析的方向迅速发展。

 知识测试与能力训练

简答题

1. 仪器分析主要有哪些分析方法？请分别加以简述。
2. 仪器分析的特点有哪些？
3. 请简要说出仪器分析的发展趋势。

项目二
电位分析技术

知识目标

（1）了解常见化学电池的种类、组成、电池符号及电动势的表达。
（2）掌握常见的指示电极和参比电极的组成、结构。
（3）熟悉电位分析法基本概念。
（4）掌握酸度计（pH 计）的结构、原理以及溶液 pH 值测定技术。
（5）熟悉电位滴定法、永停滴定法。
（6）了解 pH 值的测定、电位滴定法和永停滴定法在药品方面的应用。

技能目标

（1）能熟练地使用酸度计（pH 计）。
（2）能利用电位滴定仪、永停滴定仪进行滴定操作。

素质目标

（1）培养学生操作酸度计（pH 计）的动手能力和严谨的实验作风。
（2）培养学生运用 pH 测定技术测定溶液 pH 值。
（3）会运用电位法、永停滴定法测定药品中有效成分的含量。
（4）培养学生对酸度计、电位滴定仪、永停滴定仪进行日常维护。
（5）培养学生规范意识、实事求是、精益求精的工匠精神。

任务一

认知电位分析法

任务清单 2-1
认知电位分析法

名称	任务清单内容
任务情景	《中华人民共和国药典》(以下简称《中国药典》，2020版，四部) 规定，pH 值使用 pH 计测定（通则 0631），你知道用 pH 计测定溶液的 pH 属于哪种方法吗？该方法的原理是什么
任务分析	用 pH 计测定溶液的 pH 应属于电化学分析法的一种
任务目标	1. 认知电化学分析法概念及其分类 2. 了解化学电池的种类、组成、电池符号及电动势的表达 3. 熟悉电极电位的产生和计算方法 4. 掌握常见电极分类，常见指示电极和参比电极的组成、结构
任务实施	1. 化学电池 2. 电极电位 3. 电极分类
任务总结	通过完成上述任务，你学到了哪些知识或技能

电化学分析法是根据电化学原理和物质在溶液中的电化学性质及其变化而建立起来的一类分析方法。分析时，将试样溶液以适当的形式作为化学电池的一部分，根据被测组分的电化学性质，通过测量该电池的电参量（如：电位、电流、电量等）的强度或变化，进行定性、定量分析。

电化学分析法可分为电位分析法、库仑分析法、电解分析法、电导分析法等。电位分析法具有装置简单、灵敏度高、选择性好、分析准确快速、易于自动化等特点，在生产、科研、环保、医药等方面应用较为广泛。

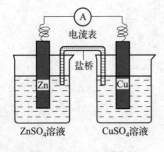

图 2-1 Cu-Zn 原电池

一、化学电池

（一）化学电池的定义

电化学分析法必须将试样溶液制成化学电池才能进行检测。化学电池是化学能与电能相互转换的电化学反应装置。化学电池由一对电极、电解质溶液和外电路三个部分组成。如图 2-1，Cu-Zn 原电池，其中铜片和锌片为电极，分别插入其硫酸盐溶液中和外电路一起组成化学电池。在化学电池中，电极和电解质溶液界面发生氧化还原反应，通过得失的电子将电极与外电路连接形成通路。

（二）化学电池的分类

化学电池按照电极与电解质溶液是否接触，分为有液接电池和无液接电池。有液接电池是两电极处于不同的溶液中以盐桥连接所构成的电池，如图2-2（a）。无液接电池是两电极处于同一溶液中所构成的电池，如图2-2（b）。有液接电池带有盐桥，它是由两个电极分别插在两种组成不同，但能通过盐桥相互连通的电解质溶液中组成的。

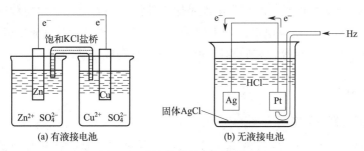

图2-2　有液接电池和无液接电池

按照能量转换形式的不同，分为原电池和电解池。原电池是能自发地将化学能转变为电能的装置，如图2-3（a）。电解池是需要外部电源供给的电能来实现电化学反应的装置，如图2-3（b）。无论是原电池还是电解池，通常将发生氧化反应，失去电子的电极称为阳极；发生还原反应，得到电子的电极称为阴极。本章重点讨论的是原电池。

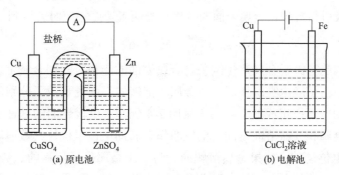

图2-3　原电池和电解池

（三）电池符号

国际纯粹与应用化学联合会（IUPAC）规定，用电池符号来表示原电池的组成，原电池符号书写要求如下。

（1）一般把负极写在电池符号表示式的左边，正极写在电池符号表示式的右边。

（2）以化学式表示电池中各物质的组成和状态，溶液要标上活度（即指某物质的有效浓度，单位：mol/L），若为气体物质应注明其分压（Pa）和温度。如不写出，则温度为298.15K，气体分压为101.3kPa，溶液浓度为1mol/L。

（3）以符号"|"表示不同物相间的接界，同一相中的不同物质之间用","隔开。用"‖"表示盐桥，连接两个电极反应（也称半电池）。

（4）若电极为气体或溶液，需用一个惰性电极材料作为电子的载体，如铂或石墨等。惰性电极导体不参与电极反应，仅起传递电子的作用。

例如 Cu-Zn 原电池可表达为：(−) Zn(s)|ZnSO$_4$(c_1)‖CuSO$_4$(c_2)|Cu(s)(+)

（四）电池的电动势

电池的电动势是当流过电池的电流为零时或接近于零时两电极间的电位差。用 E 来表示，单位为 V。按规定电池的电动势为阴极的电极电位减去阳极的电极电位。一般阴极写在电池符号右边，阳极写在电池符号左边，即

$$E = \varphi_{右} - \varphi_{左} = \varphi_{阴} - \varphi_{阳} \tag{2-1}$$

利用原电池的电动势可以判断化学电池是原电池还是电解池，如果电池的电动势 $E > 0$，则电池反应能自发进行，是原电池；如果电池的电动势 $E < 0$，则电池反应不能自发进行，需要加一个至少与 E 数值相等、方向相反的外加电压，构成电解池。

二、电极电位

（一）电极电位的产生

在化学电池中，电极一般指进行氧化还原反应的装置，是用作传导电流从而构成回路的部分。电流的产生是由于两个电极的电位不同引起的。作为电极的金属导体浸入一定的电解质溶液中将呈现一定的电极电位。电极电位表示某种离子或者原子获得电子而被还原的趋势。现以 Cu-Zn 原电池为例，说明电极电位是如何产生的。

把金属 M（如锌）放在该金属离子（M^{n+}）的盐（如 ZnSO$_4$）溶液中时，金属表面上的正离子受到极性水分子的吸引而进入溶液，另一个相反的过程是溶液中的金属离子受到金属表面自由电子的吸引而沉积在金属表面的过程，当两者速度相等时就达到了动态平衡。

$$M(s) \underset{沉淀}{\overset{溶解}{\rightleftharpoons}} M^{n+}(aq) + ne^-$$

当金属溶解的趋势大于金属离子沉积到金属表面的趋势时，则金属带负电，金属表面附近的溶液带正电。由于静电吸引作用，在金属和溶液的界面处形成了分别由带正电荷的金属离子和带负电荷的电子所组成的双电层［见图 2-4（a）］。电极表面的这种双电层产生了电极电位，即产生在金属和其盐溶液之间的电位叫作金属的电极电位，其数值等于金属表面电位与盐溶液界面的电位之差。如果金属溶解的趋势小于金属离子沉积的趋势，则金属带正电，金属表面附近的溶液带负电，体系也形成双电层［见图 2-4（b）］，产生电极电位。

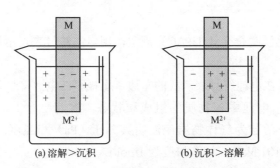

图 2-4　金属双电层示意图

金属电极电位的大小不仅与金属本身的活泼性有关，还与溶液中该金属离子的浓度、温度等因素有关。

（二）标准电极电位

国际上统一规定，在任何温度下标准氢电极的电极电位为零。金属的电极电位是测量金属在溶液中失去电子能力的大小，如果能测出其数值，就可以定量地比较各种金属在溶液中得失电子能力的大小，比较各种氧化剂、还原剂的强弱。到目前为止电极电位绝对值的测定尚有困难，为此规定，在298K热力学温度时，金属和该金属离子浓度为1mol/L的溶液相接触的电位称为标准电极电位，符号为$\varphi^\ominus$（"$\ominus$"为标准状态符号），并用标准氢电极作为比较标准。

标准氢电极（SHE）是由镀有一层蓬松的铂黑的铂片浸入H^+浓度为1mol/L的酸（硫酸）溶液中，在298K时不断地泵入压力为101.3kPa的纯氢气流所组成的电极。由于H_2不能独立用作电极，故选用既能导电又能吸附气体而不参与电极反应的镀有铂黑的铂片为电极，制成标准氢电极（图2-5）。

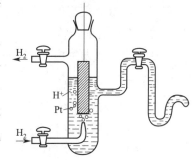

图2-5 标准氢电极

在此氢电极周围发生了如下平衡：

$$2H^+ + 2e^- \rightleftharpoons H_2(g)$$

标准氢电极和酸溶液之间所产生的电位差称为标准氢电极的电极电位，在任何温度下，规定标准氢电极电位为零，即$\varphi^\ominus(H^+/H_2) = 0.000V$。

在298K时，以水为溶剂，当每个电极氧化态（高价态）和还原态（低价态）物质的活度均为1mol/L［或气态物质分压为1atm（1atm=101.325kPa）］时的电极电位称为该电极的标准电极电位。用符号$\varphi^\ominus$表示。

（三）电极电位计算

电极电位的大小主要取决于电极电对的本性，并受到各种外界因素如温度、溶液中离子浓度、气体分压等影响。能斯特方程反映了电极本性、浓度（压力）、酸度、温度等因素对电极电位的影响。

对于任意给定的电极（均假设作正极），电极反应的通式为：

$$a\text{氧化态（Ox）} + ne^- \rightleftharpoons b\text{还原态（Red）}$$

$$\varphi = \varphi^\ominus + \frac{RT}{nF}\ln\frac{\alpha_{Ox}^a}{\alpha_{Red}^b} \tag{2-2}$$

式中，$\varphi^\ominus$为该电极的标准电极电位，V；R为8.314J/(mol·K)；F为法拉第常数，数值为96485C/mol；T为热力学温度，K；n为电极反应传递的电子数；α为活度。当T=298K时，将各常数代入上式，则可简化为：

$$\varphi = \varphi^\ominus + \frac{0.0592}{n}\lg\frac{\alpha_{Ox}^a}{\alpha_{Red}^b} \tag{2-3}$$

注意：（1）电极反应中氧化态、还原态物质除氧化数发生变化的物质外，还包括H^+、OH^-等。（2）电极反应的某一物质为固体、纯液体或水溶液中的H_2O，浓度均视为1mol/L；若为气体则用相对分压表示。

三、电极分类

常用电极种类繁多，按照在电化学分析中的作用可分为参比电极和指示电极。

参比电极是指在恒温恒压条件下，电极电位不随被测离子活度（或浓度）变化而变化、具有恒定电位值的电极。

指示电极是指在电化学电池中能及时反映待测离子活度（或浓度）的变化，并产生相应响应信号的电极。理想的指示电极需要符合以下要求：①其电极电位值与被测离子活度（或浓度）的关系符合能斯特方程；②电极响应速度快，重现性好；③电极结构简单，方便耐用。

按照电极是否发生电化学反应分为金属基电极和离子选择性电极（膜电极）。

（一）金属基电极

金属基电极是以金属为基体，基于可逆电子交换的电极，又称经典电极，按照组成和作用机理不同一般可分为金属-金属离子电极（如：$Ag|Ag^+$），金属-金属难溶盐电极（如：$Ag|AgCl，Cl^-$），惰性金属电极（如：$Pt|Fe^{3+}，Fe^{2+}$）。

1. 第一类电极——金属-金属离子电极

金属-金属离子电极是由能发生氧化还原反应的金属插入含有该金属离子的溶液中，所组成的电极，简称金属电极。如金属 M 插入含有 M^{n+} 的溶液中所组成的电极，可表示为：$M|M^{n+}(x\text{mol/L})$。

电极反应为：$M^{n+} + ne^- \rightleftharpoons M$

电极电位为：$\varphi_{(M^{n+}/M)} = \varphi^{\ominus}_{(M^{n+}/M)} + \dfrac{0.0592}{n}\lg\alpha_{M^{n+}}$

常见的第一类电极有 Ag^+/Ag、Cu^{2+}/Cu、Zn^{2+}/Zn 等。因为这类电极的电极电位仅与金属离子的活度或浓度有关，可测定溶液中对应金属离子的活度或浓度，所以常用作指示电极。

2. 第二类电极——金属-金属难溶盐电极

金属-金属难溶盐电极是由金属表面带有该金属难溶化合物（盐、氧化物或氢氧化物）的涂层，浸在与其难溶盐有相同阴离子的溶液中组成的。以 Ag-AgCl 电极为例，半电池可表示为：$Ag|AgCl|Cl^-(x\text{mol/L})$。

电极反应为：$AgCl + e^- \rightleftharpoons Ag + Cl^-$

电极电位为：$\varphi_{(AgCl/Ag)} = \varphi^{\ominus}_{(AgCl/Ag)} - 0.0592\lg\alpha_{Cl^-}$

第二类电极的电极电位依赖于溶液中该难溶盐的阴离子活度，所以稳定性较好，在实际工作中常用作参比电极。如饱和甘汞电极和银-氯化银电极。

3. 零类电极——惰性金属电极

惰性金属电极是将惰性金属（铂或金）插入含有某氧化态和还原态电对的溶液中组成的。其电极电位决定于溶液中氧化态和还原态浓度的比值。例，将铂丝插入含有 Fe^{3+}、Fe^{2+} 溶液中组成电对，Pt 不参与反应，仅作为 Fe^{3+} 和 Fe^{2+} 取得电子或释放电子的场所，仅仅起到传递电子的作用。半电池可表示为：$Pt|Fe^{3+}(x\text{mol/L})，Fe^{2+}(y\text{mol/L})$。

电极反应为：$Fe^{3+} + e^- \rightleftharpoons Fe^{2+}$

电极电位为：$\varphi_{(Fe^{3+}/Fe^{2+})} = \varphi^{\ominus}_{(Fe^{3+}/Fe^{2+})} + 0.0592\lg\dfrac{\alpha_{Fe^{3+}}}{\alpha_{Fe^{2+}}}$

惰性电极并无界面，又称零类电极，常见的有标准氢电极、卤素电极等。

（二）离子选择性电极（膜电极）

离子选择性电极具有一个敏感膜，又称为膜电极。20世纪60年代，发展出一种新型电化学传感器，是利用高选择性电极膜对特定的待测离子活度产生选择性响应，从而测定其活度的电极。国际纯粹与应用化学联合会（IUPAC）称之为离子选择性电极（ISE），并定义离子选择性电极的电极电位与溶液中对应离子活度的对数值呈线性关系；离子选择性电极是一种指示电极，其指示的电极电位值与待测离子活度关系符合能斯特方程。

离子选择性电极一般由敏感膜、内参比溶液和内参比电极等部分构成，如图2-6。此电极在使用过程中并无电子转移，靠离子扩散和交换作用产生膜电位，膜电位与待测溶液中响应的离子活度（或浓度）关系符合能斯特方程，在298K时，电极电位为：

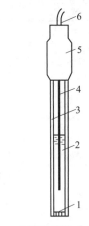

图2-6 离子选择性电极结构示意图
1—敏感膜；2—内参比溶液；3—电极杆；
4—内参比电极；5—绝缘帽；6—导线

$$\varphi = K \pm \frac{0.0592}{n}\lg\alpha \tag{2-4}$$

离子选择性电极选择性好、平衡时间短、灵敏度高、操作便捷，可对有色和混浊溶液进行分析，不会破坏样本。目前在工业分析、临床化验、药品检测和环境监测等领域应用广泛。

（三）参比电极

参比电极是在恒温恒压条件下具有恒定电位值的电极。理想的参比电极需要符合以下要求：①其电极电位稳定，可逆性好；②重现性好；③装置简单，方便耐用。

IUPAC规定标准氢电极（SHE）在任意温度下标准状态的电极电位为零。标准氢电极是确定其他电极电位的基本参比电极，常称为基准电极。因为标准氢电极制作麻烦，操作不便，通常使用的参比电极有甘汞电极和银-氯化银电极。

1.饱和甘汞电极（SCE）

甘汞电极是由金属汞、甘汞（Hg_2Cl_2）和氯化钠溶液构成的电极，构造如图2-7所示。半电池可表示为：$Hg|Hg_2Cl_2(s)|KCl(c)\|$

电极反应式：$Hg_2Cl_2(s) + 2e^- \rightleftharpoons 2Hg(l) + 2Cl^-$

25℃时，其电极电位表示为：

$$\varphi_{(Hg_2Cl_2/Hg)} = \varphi^{\ominus}_{(Hg_2Cl_2/Hg)} - 0.0592\lg\alpha_{Cl^-}$$

或 $\varphi_{(Hg_2Cl_2/Hg)} = \varphi^{\ominus}_{(Hg_2Cl_2/Hg)} - 0.0592\lg c_{Cl^-}$

由此可见，温度一定时，甘汞电极的电势随Cl^-活度（浓度）的变化而变化。当氯离子活度（或浓度）不变时，则甘汞电极的电极电位为定值。在25℃时，不同浓度的甘汞电极的电极电位如表2-1所示。

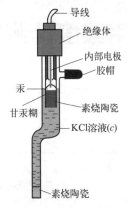

图2-7 饱和甘汞电极

表 2-1　不同浓度 KCl 溶液的甘汞电极电位（25℃）

KCl 溶液浓度 /(mol/L)	0.1	1	饱和
电极电位 /V	0.3337	0.2801	0.2412

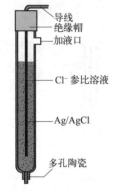

图 2-8　银 - 氯化银电极

饱和甘汞电极是由饱和氯化钾溶液所制成的甘汞电极，电位稳定，简单易制，方便保存，是电位分析法中常用的甘汞电极。

2. 银 - 氯化银电极（SSE）

银 - 氯化银电极是在银丝上镀一层 AgCl 沉淀，浸在一定浓度的 KCl 溶液中构成的电极，构造如图 2-8 所示。半电池可表示为：

Ag｜AgCl（s）｜Cl⁻（c）‖

电极反应：AgCl（s）+ e⁻ $\rightleftharpoons$ Ag（s）+ Cl⁻

电极电位（25℃）：

$$\varphi_{Ag^+/Ag} = \varphi^{\ominus}_{Ag^+/Ag} - 0.0592 \lg a_{Cl^-}$$

或

$$\varphi_{Ag^+/Ag} = \varphi^{\ominus}_{Ag^+/Ag} - 0.0592 \lg c_{Cl^-}$$

与甘汞电极相似，当 Cl⁻ 活度（或浓度）为定值时，其电极电位恒定。在 25℃时，不同浓度的银 - 氯化银的电极电位如表 2-2 所示。

表 2-2　不同浓度 KCl 溶液的银 - 氯化银电极电位（25℃）

KCl 溶液浓度 /(mol/L)	0.1	1	饱和
电极电位 /V	0.2880	0.2223	0.1990

任务 2-1 知识锦囊

银 - 氯化银电极使用温度范围宽，稳定性好，在非水测量环境中，其性能优于饱和甘汞电极，加之体积小，结构简单，常作为离子选择性电极的内参比电极。

任务二

使用酸度计测量溶液的 pH

任务清单 2-2
使用酸度计测量溶液的 pH

名称	任务清单内容
任务情景	维生素 B₁₂ 注射液主要用于巨幼红细胞贫血，也可用于神经炎的辅助治疗。现有某制药厂生产的维生素 B₁₂ 注射液，请你使用 pH 酸度计测定该药厂生产的某批维生素 B₁₂ 注射液的 pH 值，判断其是否符合《中国药典》规定

续表

名称	任务清单内容
任务分析	《中国药典》（2020版，二部），维生素 B_{12} 注射液检查项规定 pH 值，应为 4.0～6.0（通则 0631）
任务目标	1. 了解玻璃电极的结构与工作原理 2. 熟悉直接电位法的基本概念和原理 3. 掌握溶液 pH 值两次测量法的原理 4. 掌握酸度计（pH 计）的结构、原理及正确使用方法
任务实施	1. 直接电位法 2. 酸度计（pH 计）的测量电极 3.pH 值测量方法 4.pH 值测量操作技术
任务总结	通过完成上述任务，你学到了哪些知识或技能

pH 值是溶液最重要的理化参数之一，工业、农业、医药卫生等领域都需要测定。已学过的测定溶液 pH 值的方法有 pH 试纸法和酸碱指示剂法，但两者精密度均不够。本节介绍一种测定溶液 pH 值的简便仪器——酸度计，又叫 pH 计。

一、直接电位法

直接电位法是在零电流的条件下，直接测量电池电动势，并根据能斯特（Nernst）方程所测得的电极电位进行定量分析的方法。常用于测定溶液的 pH 和其他离子浓度。

直接电位法由指示电极、参比电极、待测溶液和电位差计四部分组成，测定时，参比电极的电极电位保持不变，电池电动势随指示电极电位 φ 而变，而指示电极的电极电位 φ 随溶液中待测离子活度（或浓度）而变。测定溶液 pH 常用的指示电极是 pH 玻璃电极，参比电极通常是饱和甘汞电极。

二、pH 计的测量电极

（一）pH 玻璃电极的构造

玻璃电极属于离子选择性电极，是非晶体固定基体电极，性能和理论研究也较为成熟。常用的 pH 玻璃电极一般由玻璃膜、参比电极（银-氯化银电极）、内参比溶液等组成，构造如图 2-9 所示。

pH 玻璃电极最主要的部分是玻璃膜，它是一种特殊的软质球形玻璃薄膜（敏感膜），厚度为 0.05～0.1mm，一般是在

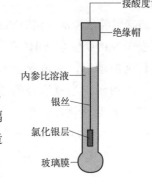

图 2-9　玻璃电极构造

SiO_2 基质中加入 Na_2O 和少量 CaO 烧制而成。玻璃膜内盛有一定浓度的 KCl 的 pH 缓冲溶液（pH=1），作为内参比溶液，在此溶液中，插入镀有 AgCl 的银丝，构成 Ag-AgCl 内参比电极。由于玻璃电极的内阻一般都很高，导线及电极引出线应高度绝缘，并带有防漏电和静电干扰的屏蔽层。

此电极对 H^+ 选择性响应，故称为 pH 玻璃电极，电极的选择性取决于玻璃膜的组成，只需改变玻璃膜的组成，即可制成对其他离子产生选择性响应的玻璃电极，如 Na^+、K^+ 等玻璃电极。

（二）响应机制

pH 玻璃电极必须经水浸泡，在玻璃膜表面吸水后形成硅胶层，才能进行 H^+ 交换，从而发挥 pH 电极的功能。如图 2-10（a），当将 pH 玻璃电极浸泡在水中时，电极的玻璃膜内、外表面与溶液接触时，能吸收水分，在膜表面形成厚度为 $10^{-5} \sim 10^{-4}$mm 的水化凝胶层，金属离子就与水生成水化离子，同时，水化凝胶层中的 Na^+ 与溶液中的 H^+ 发生交换反应，以（GL^-）表示玻璃中不能迁移的硅酸盐，则离子交换反应式如下：

$$H^+ + Na^+(GL^-) \rightleftharpoons Na^+ + H^+(GL^-)$$

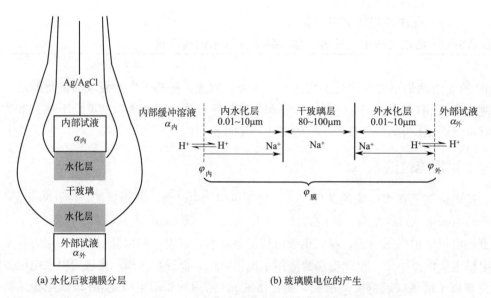

(a) 水化后玻璃膜分层　　　　　　(b) 玻璃膜电位的产生

图 2-10　水化玻璃膜电位产生示意图

玻璃膜经水浸泡一定时间后，在玻璃膜表面形成类似硅酸结构的水化凝胶层 [$H^+(GL^-)$]，在最表面 Na^+ 点位全被 H^+ 占有，从凝胶层表面到内部，H^+ 所占点位逐渐减少，而 Na^+ 占据的点位逐渐增多，到玻璃膜的中部即是干玻璃层，全部点位被 Na^+ 占有，无法交换，如图 2-10（b）所示。当浸泡好的玻璃电极与外部待测溶液接触时，由于两者 H^+ 活度（或浓度）不相等，H^+ 则由活度高的一方向低的一方扩散，当达到平衡时，在溶液与玻璃膜的两相界面之间形成双电层，产生电位差，也就形成了相界电位 $\varphi_{外}$。同理，膜内表面与内参比溶液也产生了相界电位 $\varphi_{内}$。相界电位与两相的 H^+ 活度（或浓度）有关，25℃时，具体关系如下：

$$\varphi_{外} = K_1 + 0.0592 \lg \frac{\alpha_{外}}{\alpha_{外}^0} \tag{2-5}$$

$$\varphi_{内} = K_1 + 0.0592 \lg \frac{\alpha_{内}}{\alpha_{内}^0} \tag{2-6}$$

式中　$\alpha_{外}$——膜外溶液 H^+ 活度；

　　　$\alpha_{内}$——膜内溶液 H^+ 活度；

$a^0_{外}$——外水化层 H^+ 活度；

$a^0_{内}$——内水化层 H^+ 活度；

K_1——玻璃外膜性质决定的常数；

K_2——玻璃内膜性质决定的常数。

对于同一只玻璃电极，膜内外表面性质是相同的，即 $K_1=K_2$，玻璃膜内外水化层可被交换的 H^+ 点位数相同，所以 $a^0_{外}=a^0_{内}$，则玻璃膜内外之间的电位差，即膜电位在25℃时为：

$$\varphi_{膜}=\varphi_{外}-\varphi_{内}=0.0592\lg\frac{\alpha_{外}}{\alpha_{内}} \tag{2-7}$$

因内参比溶液是具有一定 pH 的缓冲溶液，$\varphi_{内}$ 就为定值，膜电极电位主要是由待测溶液 H^+ 活度决定的，故膜电位又可表示为：

$$\varphi_{膜}=K+0.0592\lg\alpha_{外}=K-0.0592\text{pH} \tag{2-8}$$

pH 玻璃电极电位是由膜电位和内参比电极（Ag-AgCl 电极）决定的，即 $\varphi_{玻}=\varphi_{内参}+\varphi_{膜}$。在25℃时，pH 玻璃电极电位 $\varphi_{玻}$ 为：

$$\varphi_{玻}=\varphi_{内参}+K'+0.0592\lg\alpha_{外}=\varphi_{内参}+K'-0.0592\text{pH} \tag{2-9}$$

将上式常数合并在一起，则：$\varphi_{玻}=K_{玻}-0.0592\text{pH}$ （2-10）

$K_{玻}$ 表示玻璃电极的性质常数，其值与膜电位的性质和内参比电极的电位有关。式（2-10）表明，溶液的 pH 每改变一个单位，电位变化为 0.0592V，或 59mV，在一定温度下，pH 玻璃电极电位与溶液 pH 呈线性关系，这是玻璃电极测定溶液 pH 的理论依据。

（三）性能

1. 电极斜率

电极斜率是当溶液中 pH 每改变一个单位，引起的玻璃电极电位的变化值，又称为转换系数，用 S 表示，则：

$$S=\frac{\Delta\varphi}{\Delta\text{pH}}=\frac{2.303RT}{F} \tag{2-11}$$

S 的理论值又称为能斯特斜率，在25℃时，为 0.0592V 或 59mV，S 实际值为玻璃电极的 φ-pH 曲线的斜率，一般略小于理论值。由于使用过程中电极的老化，S 会逐渐偏离理论值，在实际工作中，25℃时，电极斜率 S 低于 52mV/pH 时就不宜使用。

2. 不对称电位

当玻璃膜两侧的 H^+ 活度相同也就是 pH 相同时，理论上膜电极电位应为零。但实际上因为玻璃膜内外结构和性质的差异，仍有微小的电位差存在，这就是不对称电位。玻璃膜的制造工艺、表面张力、表面沾污、机械或化学侵蚀等都会造成 $\varphi_{膜}\neq 0$。不同电极的不对称电位不尽相同，但在一定条件下，同一支玻璃电极的不对称电位又是常数。为了不影响 pH 的测量，在使用前一般将玻璃电极在水中充分浸泡至少24h，不仅可以活化玻璃电极，还能使不对称电位降至最低，并趋于稳定。

3. 酸差和碱差

一般 pH 玻璃电极在 pH 是 1～10 范围时，电位与 pH 呈线性关系，否则将偏离线性关系引起误差。当测定 pH＜1 的酸性较强溶液时，测得 pH 偏高，产生正误差，即为酸差。

原因是强酸性溶液中水分子活度减小，使得水化层的 H^+ 活度降低，到达玻璃膜水化层的 H^+ 减少。当测定 pH＞10 的强碱溶液时，测得 pH 偏低，产生负误差，即为碱差，又称钠差。原因是在离子交换过程中，不但有 H^+ 参加，Na^+ 也参与相界面上的交换，从而使测得的 H^+ 活度高于真实值。为了扩大 pH 玻璃电极适用范围，使用含有 Li_2O 的锂玻璃代替 Na_2O 制成玻璃电极，在 pH 为 1～13.5，也不产生误差。

4. 温度

玻璃电极内阻较高，一般可达数百兆欧，内阻大小一般随温度而变化，实际使用时，温度应控制在 0～50℃。温度过低，玻璃电极内阻增大；温度过高，则电极的使用寿命将下降。在测定 pH 时，为了提高准确度，标准溶液和被测溶液的温差不宜大于 ±2℃。

（四）复合 pH 玻璃电极

在实际工作中，为了 pH 测定操作简单方便，将 pH 玻璃电极与外参比电极组合在一起，制成复合 pH 玻璃电极。复合 pH 玻璃电极由两个同心玻璃套管构成，如图 2-11（a），内管为常规玻璃电极；外管为一参比电极，内外管下端有多孔陶瓷塞，多孔陶瓷塞既防止内外溶液混合，又起到提供离子迁移通道的盐桥作用。外参比电极通过多孔塞与未知 pH 的待测溶液接触，构成一个化学电池，从而实现对未知溶液 pH 的测定。两个 Ag-AgCl 电极通过导线分别与电极的插头连接，内参比电极与插头顶部相连接，为负极；参比电极与插头的根部连接，为正极。复合 pH 玻璃电极使用后应清洗完毕，浸在饱和 KCl 溶液中，否则会使两个参比电位差不稳，缩短电极的使用寿命。为了方便操作，一般将饱和 KCl 溶液放入电极保护帽里，如图 2-11（b），电极使用后盖上电极保护帽，使电极浸入保护液中。

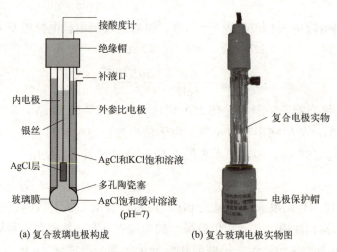

图 2-11 复合玻璃电极

三、pH 值测量方法

直接电位法测定溶液 pH，装置如图 2-12。图 2-12 中 H^+ 浓度指示电极常用 pH 玻璃电极，参比电极则为饱和甘汞电极，将两个电极浸入待测试液中组成原电池。其电池符号可表示为：$(-)$ Ag|AgCl(s)，内参比溶液 | 玻璃膜 | 待测试液 ||KCl（饱和），Hg_2Cl_2(s) | Hg $(+)$，也可以简写为：$(-)$ pH 玻璃电极 | 待测试液 ||SCE$(+)$。

25℃时，此电池的电动势为：

$$E=\varphi_{SCE}-\varphi_{玻璃}=\varphi_{SCE}-(\varphi_{内参}+K'-0.0592\text{pH}) \quad (2\text{-}12)$$

即：$E=K''+0.0592\text{pH}$

式（2-12）表明，在一定条件下，K''为常数，此电池的电动势与待测试液 pH 呈线性关系。由于不同玻璃电极的 K 值不同，并不易准确测定，因此在实际测定时，常采用"两次测量法"来将 K 值消去以消除其影响，具体测量方法如下。

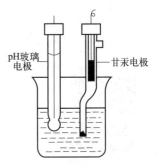

图 2-12 溶液 pH 的测定装置

先测定已知准确 pH（用 pH_s 表示）的标准缓冲溶液的电动势 E_s；在相同条件下，测定未知 pH（用 pH_x 表示）的待测溶液的电动势 E_x。在 25℃时，两者的电动势和 pH 关系分别如下：

$$E_s=K''+0.0592\text{pH}_s$$
$$E_x=K''+0.0592\text{pH}_x$$

对于同一支电极，常数 K'' 相同，因此，两式相减可得：

$$\text{pH}_x = \text{pH}_s + \frac{E_x - E_s}{0.0592} \quad (2\text{-}13)$$

根据已知 pH_s，又可测定 E_s、E_x 的值，故可由式（2-13）算出 pH_x。式（2-13）为测定溶液 pH 值的理论基础。使用时，温度保持恒定，若标准缓冲溶液和待测溶液的 pH 极相近，即 $\Delta \text{pH} < 3$，则可以忽略液接电位不同而引起的误差。在实际测量时，一般选用与待测溶液 pH 尽量接近的标准缓冲溶液。

在实际测量时，可使用酸度计测定溶液的 pH，此法不破坏、污染样品溶液，不受溶液中氧化剂、还原剂及沉淀存在的影响，对于有色溶液、胶体溶液亦可使用，因此应用范围极广。如在药物分析中对注射液、滴眼液等制剂及原料药的酸碱度检测。

四、pH 值测量操作技术

（一）酸度计（pH 计）

《中国药典》规定溶液的 pH 值使用酸度计（pH 计）测定。酸度计（pH 计）是利用溶液的电化学性质测量 H^+ 浓度，用来确定溶液酸碱度的一种传感器，可直接显示出溶液的 pH 值，在工业、农业、科研、环保等领域应用广泛。常用酸度计（pH 计）有台式酸度计、便携式酸度计、笔式酸度计三种。

酸度计是由电计、电极、电极支架和用于盛放被测溶液或标准缓冲溶液的烧杯四个部分组成，其中电计和电极是最重要的部件，pHs-3C 型酸度计组成如图 2-13。

《中国药典》（四部）规定酸度计（pH 计）应定期进行计量检定，并符合国家有关规定。测定前，应采用标准缓冲液校正仪器，也可用国家标准物质管理部门发放的标示 pH 值准确至 0.01pH 单位的各种标准缓冲液校正仪器。

（二）操作技术

《中国药典》（四部）规定，测定 pH 值时，应严格按仪器的使用说明书操作。一般酸度计操作步骤如下。

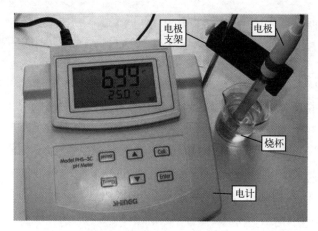

图 2-13　pHs-3C 型酸度计

1. pH 标准缓冲溶液的选择

测定前，按各种品种项下的规定选择三种或两种标准缓冲液进行校正，使供试品溶液的 pH 值处于两者之间，即选择的标准缓冲液的 pH 范围要包含需要测试的样品溶液的 pH 值。常见标准缓冲溶液 pH 值分别为 4.00、6.86 和 9.18。如 10% 葡萄糖注射液 pH 值范围为 3.2～6.5，选用的标准缓冲液分别为 4.00 和 6.86。

2. 仪器准备

开机预热，按照实验需要准备标准缓冲溶液和供试品溶液。检查仪器、电极、标准缓冲液是否正常。

3. 仪器校正——两点法

先调节补偿温度，然后采用两种标准缓冲液对仪器进行自动校正，使斜率为 90%～105%，漂移值在（0±30）mV 或 ±0.5pH 单位之内。一般选择与被测溶液的 pH 值接近的第一标准液进行定位，再用第二标准液调斜率，反复确认（两种标准溶液的仪器显示值与该温度下的规定值相差不大于 ±0.02pH 单位）。

或者，选择两种 pH 值约相差 3 个 pH 单位的标准缓冲溶液，先取与供试品溶液 pH 值较接近的第一种标准缓冲液对仪器进行校正（定位），使仪器示值与《中国药典》（四部）所载不同温度时各种标准缓冲液的 pH 值的表（下面简称 pH 值列表）数值一致。再用第二种标准缓冲液核对仪器示值，与 pH 值列表中的数值相差应不大于 ±0.02pH 单位。若大于此差值，则应小心调节斜率，使示值与第二种标准缓冲液的 pH 值列表数值相符。重复上述定位与斜率调节操作，至仪器示值与标准缓冲液的规定数值相差不大于 ±0.02pH 单位。否则，需检查仪器或更换电极后，再行校正至符合要求。

4. 测量 pH 值

电极用蒸馏水冲洗，再用待测溶液清洗，滤纸吸干；将电极插入供试品溶液中，轻摇烧杯，电极反应平衡后读数并记录。为减小误差，一般平行测定三次。

注意：每次更换标准缓冲液或供试品溶液前，应用纯化水充分洗涤电极，再用所换的标准缓冲液或供试品溶液洗涤，或者用纯化水充分洗涤电极后将水吸尽。

5. pH 计使用注意事项

《中国药典》（四部）规定用酸度计（pH 计）测定 pH 值时，应严格按仪器的使用说明书操作，并注意下列事项。

（1）每次更换标准缓冲液或供试液前，应用纯化水充分洗涤电极，然后将水吸尽，也可用所换的标准缓冲液或供试液洗涤。

（2）新玻璃 pH 电极或长期干储存的电极，使用前应在 pH 浸泡液中浸泡 24h 后才能使用。pH 电极在停用时，将电极的敏感部分浸泡在 pH 浸泡液中。

（3）配制标准缓冲液与溶解供试品的水，应是新沸过并放冷的纯化水，标准缓冲液一般可保存 2～3 个月，但发现有混浊、发霉或沉淀等现象时，不能继续使用。

【示例 2-1】pH 玻璃电极与饱和甘汞电极组成如下测量电池：

（−）pH 玻璃电极 | 待测试液（标准缓冲溶液或未知溶液）||SCE（+）

25℃时，测得 pH 为 4.00 标准缓冲溶液的电动势为 0.218V。若用未知 pH 溶液代替标准缓冲溶液，测得未知 pH 溶液的电动势为 0.328V，试求未知溶液的 pH 值。

解：已知：$pH_s=4.00$，$E_s=0.218V$，$K_x=0.328V$，求 $pH_x=?$

根据题意得：$pH_x = pH_s + \dfrac{E_x - E_s}{0.0592}$

解得：$pH_x = 4.00 + \dfrac{0.328 - 0.218}{0.0592}$
$ = 5.86$

任务 2-2
知识锦囊

任务三

使用电位滴定法进行药物的含量测定

任务清单 2-3

使用电位滴定法进行药物的含量测定

名称	任务清单内容
任务情景	在临床上，青霉胺主要用于治疗风湿性关节炎、慢性活动性肝炎、硬皮病、口眼干燥、关节炎综合征等自身免疫性疾病，有明显的疗效。请你采用电位滴定技术测定某批青霉胺原料药的含量
任务分析	《中国药典》（2020 版，二部）规定其含量测定方法：取本品约 0.15g，精密称定，加乙酸盐缓冲液（取乙酸钠 5.4g，置 100mL 量瓶中，加水 50mL 使溶解，用冰乙酸调节 pH 值至 4.6，加水稀释至刻度，摇匀）100mL 溶解并稀释至刻度，

名称	任务清单内容
	照电位滴定法（通则0701），以铂电极为指示电极，汞-硫酸亚汞电极为参比电极，用硝酸汞滴定液（0.05mol/L）缓慢滴定至终点。每1mL硝酸汞滴定液（0.05mol/L）相当于7.461mg的$C_5H_{11}NO_2S$
任务目标	1. 了解电化学滴定法定义和分类 2. 掌握电位滴定法确定终点的方法 3. 熟悉电位滴定法原理和装置
任务实施	1. 电化学滴定法 2. 电位滴定技术
任务总结	通过完成上述任务，你学到了哪些知识或技能

一、电化学滴定法

电化学滴定法是采用滴定分析操作，不用指示剂而是测定滴定过程中某一电参量（电流、电位、电导等）的突变以指示滴定终点的一类方法。电化学滴定法属于电化学分析法，包括电位滴定技术、电流滴定技术及电导滴定技术等。

与化学滴定法相比，电化学滴定法有以下优点：①不需要用指示剂指示终点，不受溶液颜色、混浊等的限制，克服了目测判断终点造成的主观误差；②在突跃（pH、φ 等的突跃）较小和无合适指示剂的情况下，可以很方便地使用电化学滴定法；③提高了测定的准确度；④易于实现滴定的自动化。

二、电位滴定技术

（一）电位滴定原理

电位滴定法是将电极系统（指示电极和参比电极）与待测溶液组成工作电池，根据滴定过程中电极电位的突跃来指示滴定终点的方法。电位滴定装置如图2-14所示。

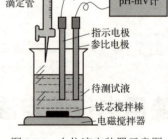

图2-14 电位滴定装置示意图

在滴定过程中，样品溶液中待测离子与滴定剂（即标准溶液）发生化学反应，离子活度（或浓度）改变引起电位改变；在滴定到达终点前后，溶液中离子的浓度往往会发生几个数量级的突变，造成电极电位的突跃，进而引起电动势发生突变。依据与滴定剂反应的化学计量关系和滴定剂消耗量可计算出被测组分的含量。

电位滴定法和经典滴定分析法的主要区别在于判断滴定终点的方法不同，前者是以电极电位的突跃来指示滴定终点，后者则以指示剂颜色的变化来指示。此外，电位滴定法客观可靠，准确度高，可用于连续滴定和自动滴定，适用微量分析；还能用于混浊或有色溶液的滴定与缺乏指示剂的滴定；以及用于非水溶液中某些有机物的滴定。

（二）终点确定方法

在实验过程中，每滴加一次滴定剂，平衡后测量电动势，边滴定，边记录加入的滴定剂体积和电位计读数。电位滴定的关键是确定滴定反应的化学计量点时，所消耗的滴定剂的体积。因为在化学计量点附近，电位发生突跃，一般加一滴（约 0.05mL）滴液，记录一次数据，并保持每次加入的滴定剂体积相等，以便于记录和处理数据，准确判断终点。现以 0.10mol/L $AgNO_3$ 溶液滴定 NaCl 溶液所得数据为例，如表 2-3，讨论利用作图法确定滴定终点的三种方法。

表 2-3　以 0.10mol/L $AgNO_3$ 溶液滴定 NaCl 溶液的部分滴定数据

滴定液体积 V/mL	电位计读数 E/mV	ΔE/mV	ΔV/mV	$(\Delta E/\Delta V)$/(mV/mL)	平均体积 $\bar{V}$/mL	$\Delta(\Delta E/\Delta V)$	$\Delta^2 E/\Delta V^2$
23.80	161						
		13	0.20	65	23.90		
24.00	174						
		9	0.10	90	24.05		
24.10	183						
		11	0.10	110	24.15		
24.20	194					280	2800
		39	0.10	390	24.25		
24.30	233					440	4400
		83	0.10	830	24.35		
24.40	316					−590	−5900
		24	0.10	240	24.45		
24.50	340					−130	−1300
		11	0.10	110	24.55		
24.60	351						
		7	0.10	70	24.65		
24.70	358						
		15	0.30	50	24.85		
25.00	373						

1. E-V 曲线

以滴定剂体积 V 为横坐标，电池电位 E 为纵坐标作图，即得 E-V 曲线，如图 2-15（a）。此曲线的转折点（拐点）所对应的体积即为滴定终点（化学计量点）的体积。E-V 曲线法简单，但准确性稍差。

2. $\Delta E/\Delta V$-$\bar{V}$ 曲线

$\Delta E/\Delta V$-$\bar{V}$ 曲线又称一阶导数法，可视为 E-V 曲线的一阶导数曲线。以相邻两滴定剂体积的算术平均值 $\bar{V}$ 为横坐标，以 E-V 曲线的斜率 $\Delta E/\Delta V$ 为纵坐标作图，如图 2-15（b），可得一条峰状曲线。曲线的极大值也就是曲

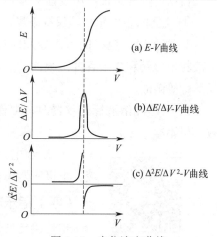

图 2-15　电位滴定曲线

线尖峰最高点所对应的体积即为滴定终点（化学计量点）时的体积。此曲线法确定的化学计量点较准确，但方法较烦琐，而且要求计量点附近的电位值测量要准确，否则引起误差。

3. $\Delta^2 E/\Delta V^2$-V 曲线

$\Delta^2 E/\Delta V^2$-V 曲线又称二阶导数法，为 E-V 曲线的二阶导数曲线。以滴定剂体积 V 为横坐标，以 $\Delta^2 E/\Delta V^2$ 为纵坐标作图，可得具有两个极值的曲线，如图 2-15（c）。曲线过零时对应的体积即为滴点终点（化学计量点）时的体积。此法的终点最易于确定，结果最准确，所以最为常用。

（三）自动电位滴定仪

在实际电位滴定过程中，传统的操作方法较为繁杂，随着电子技术的发展，在酸度计的

基础上采用滴定终点自动控制的方法,制出自动电位滴定仪。

据《中国药典》所载,采用自动电位滴定仪可方便地获得滴定数据或滴定曲线。此仪器是通过测量电极电位的变化来确定终点,从而显示出被测溶液中待测离子浓度的仪器。自动电位滴定仪原理如图2-16所示,在电位滴定时,先将终点电位输入,当到达滴定终点电位时,延迟电路就会自动关闭电磁阀电源,不再滴入滴定剂,并显示滴定剂体积或浓度。

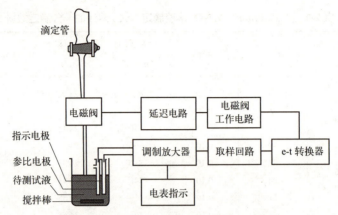

图 2-16　ZD-2 型自动电位滴定计原理图

自动电位滴定仪使用过程中需要注意以下问题:

① 仪器的各单元必须保持干燥、清洁,防止灰尘及水汽侵入。

② 测量时,电极的引入导线应保持静止,否则会引起测量不稳定。滴定前最好先用滴定液将电磁阀和橡胶管冲洗数次。为了避免腐蚀橡胶管,切勿使用与橡胶管起化学反应的高锰酸钾等溶液。

③ 用缓冲溶液标定仪器时,要保证缓冲溶液的可靠性,不能配错缓冲溶液,否则将导致测量不准。

④ 复合电极的外参比(甘汞电极)应经常注意充满饱和氯化钾溶液。电极应避免长期浸在蒸馏水、蛋白质溶液和酸性氟化物溶液中。

(四)指示电极的选择

电位滴定的反应类型与经典化学滴定分析相同,可适用于各类滴定分析,滴定时,根据不同类型,选择合适的指示电极和参比电极,常用的电极选择方法如表2-4。

表 2-4　不同反应类型电极系统的选择

滴定反应类型	电极系统	备注
酸碱滴定法	玻璃-饱和甘汞	饱和甘汞电极套管内装氯化钾的饱和无水甲醇溶液。玻璃电极用过后立即清洗并浸在水中保存
沉淀滴定法	指示电极-硝酸钾盐桥-饱和甘汞	根据不同滴定剂选择指示电极。如滴定剂 $AgNO_3$,选择银电极,若用汞盐则选择汞电极
氧化还原滴定法	铂-饱和甘汞	铂电极用加有少量三氯化铁的硝酸或用铬酸清洁液浸洗
配位滴定法	指示电极-饱和甘汞	根据不同配位反应选择指示电极。如用 EDTA 滴定金属离子,指示电极用相应金属离子选择性电极

任务四

使用永停滴定法进行药物的含量测定

任务清单 2-4
使用永停滴定法进行药物的含量测定

名称	任务清单内容
任务情景	盐酸普鲁卡因胺片为抗心律失常药，适于室性心律失常。《中国药典》（2020版，二部）规定其含量测定方法：取本品10片，置100mL量瓶中，加水50mL，振摇，使盐酸普鲁卡因胺溶解，加水稀释至刻度，摇匀，静置，精密量取上清液20mL，照永停滴定法（通则0701），用亚硝酸钠滴定液（0.1mol/L）滴定。每1mL 亚硝酸钠滴定液（0.1mol/L）相当于 27.18mg 的 $C_3H_{21}N_3O \cdot HCl$。 请你采用该法对某制药厂生产的盐酸普鲁卡因胺片进行含量测定，并判断其是否符合《中国药典》规定
任务目标	1. 掌握永停滴定法确定终点的方法 2. 熟悉其概念、原理和装置
任务实施	1. 永停滴定法基本原理 2. 永停滴定法仪器设备 3. 永停滴定法终点判断的方法 4. 永停滴定法应用实例
任务总结	通过完成上述任务，你学到了哪些知识或技能

一、基本原理

（一）永停滴定法的概念

永停滴定法是用两支相同的惰性金属（如双铂电极）为指示电极，在两个电极间外加一个小电压（20～200mV），根据滴定过程中，电流的变化来确定滴定终点，因此又称双电流滴定法。此法装置简单，快速简便，终点判断直观，准确可靠，在药物分析中应用广泛。

（二）可逆电对和不可逆电对

在相同条件下，电极电对氧化态获得电子变为还原态，还原态亦能失去电子变为氧化态，此电对称可逆电对，如 Fe^{3+}/Fe^{2+} 电对，I_2/I^- 电对等。若在可逆电对溶液中插入两个完全相同的铂电极，且在电极间加有一小电压，由于两个电极上均发生了电极反应，以致电极间有电流通过。

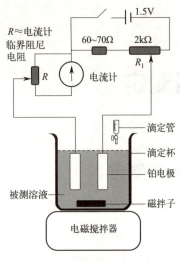

图 2-17 永停滴定仪装置示意图

在相同条件下,电极电对只能在某一电极发生反应,另一电极无法发生反应,此电对称不可逆电对,如 $S_4O_6^{2-}/S_2O_3^{2-}$。若在不可逆电对溶液中插入两个铂电极,且在电极间加有一小电压,电极间无电流通过。

二、永停滴定仪器设备

永停滴定仪结构如图 2-17 所示,测量时,将两个相同的指示电极(通常为铂电极)插入待滴定的溶液中,在两个电极之间外加一个低电压(例如 50mV),以保证指示电极上的反应不改变溶液的组成,线路中串联一支灵敏电流计,然后加入滴定剂滴定,通过观察滴定过程中两个电极间电流变化的特性来确定滴定终点。

永停滴定仪在使用过程中需要注意以下几点:

(1) 仪器使用时,室内温度应为 25℃ ±3℃,相对湿度应≤60%。要保持表面及内部的整洁,防止灰尘、潮气和杂质等侵入。

(2) 电极要及时清洁,否则会影响滴定结果,甚至无法成功滴定,若电极被污染,滴定指示迟钝,终点时电流变化小,可将电极插入 10mL 浓硝酸和 1 滴三氯化铁的溶液内,煮沸数分钟,取出后用水冲洗干净。

(3) 若滴定过程中,需要调节电磁阀的流量大小和滴液速度时,禁止旋动电磁阀尾部的紧定螺钉,只需要调节电磁阀前面的圆柱头螺钉。

(4) 工作完毕后,用清水冲洗硅胶管数次,擦净仪器。长时间不使用时,最好将硅胶管取出,冲洗干净,使用时再安装,以防硅胶管粘连断裂。

三、终点判断的方法

根据永停滴定技术电极电对的种类不同,在滴定过程中电流变化可以分成三种情况,如图 2-18。

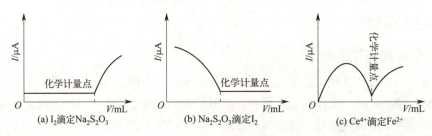

图 2-18 永停滴定法的三种滴定曲线

(一) 可逆电对滴定不可逆电对体系

以 I_2 滴定 $Na_2S_2O_3$ 为例,反应方程式如下:

$$I_2+2S_2O_3^{2-}=2I^-+S_4O_6^{2-}$$

在 $Na_2S_2O_3$ 溶液中插入两只铂电极,开始滴定时,溶液中只有 I^- 和不可逆电对 $S_4O_6^{2-}/$

$S_2O_3^{2-}$，电极间无电流或极弱电流通过，电流计指针停在零点或者零点附近。化学计量点后，I_2略有过剩，溶液中出现了可逆电对I_2/I^-，电极间有电流通过，电流计指针突然偏转，从而指示计量点的到达。其滴定过程中电流变化曲线如图2-18（a）所示。

（二）不可逆电对滴定可逆电对体系

以$Na_2S_2O_3$滴定含有KI的I_2溶液为例，开始滴定时，溶液中存在I_2/I^-可逆电对，有电流通过。随着滴定的进行，电解电流随I^-浓度的增大而增大。当滴定至$[I^-]=[I_2]$时，电解电流达到最大值；当$[I^-]>[I_2]$时，电解电流随I_2的减少而降至最低。滴定至化学计量点时，溶液中只有$S_4O_6^{2-}$和I^-，电解反应停止，电流计指针停留在零电流附近并保持不动。滴定过程中电流变化曲线如图2-18（b）所示。

（三）可逆电对滴定可逆电对体系

以$Ce(S_2O_3)_2$滴定$FeSO_4$为例，反应方程式如下：
$$Ce^{4+}+Fe^{2+} \rightleftharpoons Ce^{3+}+Fe^{3+}$$

滴定开始时没有或只有极小的电流通过，随着滴定的进行，电流逐渐增大，达到最大值后又逐渐减小，与第二种类型相似。到达终点时，溶液中只有Ce^{3+}和Fe^{3+}，不能构成可逆电对，电流计降到最低点停留在零电流附近。终点后，继续滴定$Ce(S_2O_3)_2$，溶液中立刻形成了可逆电对Ce^{4+}/Ce^{3+}，电流又逐渐增大。滴定过程中电流变化曲线如图2-18（c）所示。

四、应用实例

（一）亚硝酸钠滴定法

在酸性条件下，亚硝酸钠滴定液与芳香伯胺类药物发生重氮化反应，定量生成重氮盐，根据消耗的亚硝酸钠滴定液的浓度和体积，以及两者计量关系，可得芳伯胺类药物的含量。在反应过程中，亚硝酸钠滴定液形成的HNO_2和分解产物NO形成可逆电对，芳香伯胺类药物与其终点化合物形成不可逆电对。因此，一般采用永停滴定仪来指示滴定终点。

在酸性介质磺胺类药物溶液中插入两个铂电极，外加约50mV电压，串联一灵敏电流计测电流。刚开始滴定时，电极间无电流或很小电流通过，电流计指针恒定不动；随着亚硝酸钠滴定液的滴加，在终点前，两电极间电流维持恒定；终点时，稍加过量的亚硝酸钠滴定液，溶液中产生可逆电对，电极间有电流通过，电流计指针偏转不再回到原来位置，到达滴定终点。滴定反应方程式：

$$Ar-NH_2+NaNO_2+2HCl = [Ar-N_2^+]Cl^-+2H_2O+NaCl$$

（二）卡尔·费歇尔水分测定法

药品和食品等产品水分的含量若异常，会严重影响产品的质量和使用效果。卡尔·费歇尔水分测定法有滴定法与库仑法两种，是世界通用的水分含量测定的标准分析方法。此法对固体、液体、气体中的水分含量可快速测定，是最专一、最准确的化学方法，在化工、医药、科研等领域应用广泛。

卡尔·费歇尔水分测定法是一种非水溶液的氧化还原滴定法，在无水吡啶和无水甲醇溶液中，碘和二氧化硫能与水定量反应，依据碘的消耗量计算出水的含量。基本反应方程式：

$$I_2+SO_2+H_2O \rightleftharpoons 2HI+SO_3$$

滴定的总反应（卡尔 - 费歇尔反应）：

$$I_2+SO_2+H_2O+CH_3OH+3\,C_5H_5N = 2\,C_5H_5N\cdot HI + C_5H_5N\cdot HSO_4CH_3$$

其中，I_2/I^- 为可逆电对，而溶液中其他电对均为不可逆电对。因此可用永停滴定仪来指示滴定终点。滴定终点前，溶液中有不可逆电对 SO_3/SO_2，电极间无电流通过，电流计指针停止不动；到达终点后，稍加过量的碘滴定液，溶液中即有可逆电对 I_2/I^-，两电极间立刻就有电流通过，电流计指针明显偏转，指示滴定终点。

水分含量计算公式：

$$水分含量 = \frac{(A-B)F}{W} \times 100\% \tag{2-14}$$

式中 F——每 1mL 卡尔 - 费歇尔试液相当于水的重量，mg/mL；

A——被测样品消耗的滴定液体积，mL；

B——空白消耗的滴定液体积，mL；

W——被测样品的取样量，mg。

【示例 2-2】精密称取磺胺甲恶唑 0.5060g，加稀盐酸和蒸馏水各 25mL 溶解，照永停滴定法，用亚硝酸钠滴定液（0.1001mol/L）滴定终点，消耗滴定体积 19.80mL。每 1mL 亚硝酸钠滴定液（0.1mol/L）相当于 25.33mg 的磺胺甲恶唑（$C_{10}H_{11}N_3O_3S$）。计算磺胺甲恶唑的含量。

解：已知：$W=0.5060g$，$T=25.33mg$，$V_{SP}=19.80mL$。

得：

$$C_{10}H_{11}N_3O_3S\ 的含量 = \frac{V_{sp}TF}{W} \times 100\% = \frac{19.80 \times 25.33 \times \frac{0.1001}{0.1}}{0.5060 \times 1000} \times 100\% \approx 99.2\%$$

【示例 2-3】标定卡尔 - 费歇尔试液，F 为 3.48mg/mL。精密称取 0.5520g 青霉素钠置于干燥具塞的锥形瓶中，加无水甲醇 3 mL，振摇溶解。用标定的卡尔 - 费歇尔试液滴定，永停法指示终点。消耗滴定液体积 1.62mL，空白试验消耗 0.18mL。求该样品中水分的含量。

解：已知：$F=3.48mg/mL$，$W=0.5520g$，$A=1.62mL$，$B=0.18mL$。

得：

$$水分含量 = \frac{(A-B)F}{W} \times 100\% = \frac{(1.62-0.18) \times 3.48}{0.5552 \times 1000} \times 100\% = 0.90\%$$

任务 2-4 知识锦囊

知识测试与能力训练

一、选择题

1.在电位法中作为指示电极，其电位应与待测离子的浓度（　　）。

A. 成正比　　　　　　　　　　　　B. 符合扩散电流公式

C. 对数成正比　　　　　　　　　　D. 符合能斯特公式

2.电位滴定法用于氧化还原滴定时指示电极应选用（　　）。

A. 玻璃电极　　　　B. 甘汞电极　　　　C. 银电极　　　　　　D. 铂电极

3. 测定溶液 pH 值时，常用的指示电极是（　　）。

A. 氢电极　　　　　B. 铂电极　　　　　C. 氢醌电极　　　　　D.pH 玻璃电极

4. 膜电位产生的原因是（　　）。

A. 电子得失　　　　　　　　　　　　B. 离子的交换和扩散

C. 吸附作用　　　　　　　　　　　　D. 电离作用

5. 为使 pH 玻璃电极对 H$^+$ 响应灵敏，pH 玻璃电极在使用前应在（　　）浸泡 24h 以上。

A. 自来水中　　　　　　　　　　　　B. 稀碱中

C. 纯水中　　　　　　　　　　　　　D. 标准缓冲溶液中

6. 甘汞电极是常用的参比电极，它的电极电位取决于（　　）。

A. 温度　　　　　　　　　　　　　　B. 氯离子的活度

C. 主体溶液的浓度　　　　　　　　　D. K$^+$ 的浓度

7. 玻璃电极在使用前，需在去离子水中浸泡 24h 以上，其目的是（　　）。

A. 清除不对称电位　　　　　　　　　B. 清除液接电位

C. 清洗电极　　　　　　　　　　　　D. 使不对称电位处于稳定

8. 在电位法中离子选择性电极的电位应与待测离子的浓度（　　）。

A. 成正比　　　　　　　　　　　　　B. 的对数成正比

C. 符合扩散电流公式　　　　　　　　D. 符合能斯特方程式

二、填空题

1. 酸度计的指示电极是_____，它属于_____电极。

2. 电位分析中，电位保持恒定的电极称为_____，常用的有_____、_____。

3. 离子选择性电极虽然有多种，但其基本结构是由_____、_____和_____三部分组成。

三、简答题

1. 何谓指示电极及参比电极？举例说明其作用。

2. 请问不同类别的电位滴定法如何确定滴定终点？（请利用图示法解答）

实验能力训练一

氯化钠注射液的酸度检查

【仪器及用具】

酸度计（如图 2-19，pHS-25 型），烧杯（50mL），洗瓶，滤纸等。

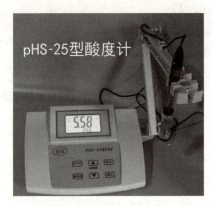

图 2-19　pHS-25 型酸度计

【试剂和药品】

pH=4.00 的标准缓冲溶液、pH=6.86 的标准缓冲溶液、pH=9.18 的标准缓冲溶液、氯化钠注射液（50mL：0.45g）等。

氯化钠注射液为无色的澄明液体，本品为氯化钠的等渗灭菌水溶液。《中国药典》（2020版）规定检查项 pH 值应为 4.5～7.0（通则 0631）。

【实验内容及操作过程】

序号	步骤	操作方法及说明	操作注意事项
1	pH=4.00、pH=6.86 和 pH=9.18 标准缓冲溶液的配制	分别取 pH=4.00、pH=6.86 和 pH=9.18 的袋装缓冲剂，按照包装袋上的要求，用合适容量瓶定容至刻度线，摇匀，即得对应标准缓冲溶液	注意 pH 缓冲剂使用温度和对应准确 pH，以防引起误差
2	开机预热，设置温度	接通电源，预热 30min；用温度计量出溶液的温度，调节酸度计温度，使其一致	一定要调整温度，以防引起误差
3	用 pH 值为 6.86 的标准缓冲溶液标定	选择"标定"键，通过上下键调节使 pH 值为 6.86，然后按"确认"键。把用蒸馏水清洗过并用滤纸擦干的电极插入 pH 值 6.86 的标准缓冲溶液中，待读数稳定后按"确认"键	测定时，复合电极插入溶液时使玻璃球完全浸没在溶液中。取与供试液 pH 值较接近的第一种标准缓冲液对仪器进行校正（定位）
4	用 pH 值为 4.00 的标准缓冲溶液标定	调节标定 pH 值为 4.00，然后按"确认"键。用蒸馏水清洗电极，并用滤纸擦干，再用 pH 为 4.00 的标准缓冲溶液标定酸度计，待读数稳定后，按"确认"键，仪器会自动出现标定后的斜率，斜率若在正常范围内，按"确认"键，则标定结束	仪器定位后，再用第二种标准缓冲液核对示值，误差应不大于 ±0.02pH 单位。若大于，则应调节斜率，使之相符
5	测定氯化钠注射液的 pH 值	把待测的氯化钠注射液放入 50mL 洁净烧杯中。用蒸馏水清洗电极，并用滤纸擦干，把酸度计插入氯化钠注射液中，轻轻振摇烧杯，测定读数，等读数稳定，记录下数据。为减小误差，平行测定三次	每次更换标准缓冲液或供试液前，应用纯化水充分洗涤电极，然后将水吸尽
6	实验结束	完成测试后，移走溶液，用蒸馏水清洗电极，并用滤纸擦干，套上电极保护套，关闭电源，整理实验台	养成良好的实验习惯，严谨的科学态度

【实验数据记录及结果处理】

1. 数据记录

该实验使用的酸度计型号为_____，温度_____。

2. 实验结果

pH_1 为_____，pH_2 为_____，pH_3 为_____，$pH_{平均}$ 为_____。

【学习结果评价】

序号	评价内容	评价标准	评价结果（是/否）
1	能准确配制不同 pH 标准缓冲溶液	容量瓶的正确使用、溶液配制的正确步骤	
2	能正确操作 pH 计	使用操作仪器、电极的洗涤、数据的记录正确	
3	能测出 pH 值，并能计算其平均值	能正确测出 pH 值	

【思考题】

1. 在酸度计的标定过程中应注意哪些问题？
2. 如何选择标准缓冲溶液？

项目三
紫外－可见分光光度技术

知识目标

（1）了解光的定义、性质、分类以及物质与光的相互作用。
（2）了解紫外－可见分光光度法的原理。
（3）熟悉紫外－可见分光光度计的结构组成。
（4）掌握紫外－可见分光光度计的使用。
（5）会对紫外－可见分光光度计进行保养及对常见故障进行简单维修。

技能目标

（1）熟悉紫外－可见分光光度计的结构组成。
（2）掌握紫外－可见分光光度计的使用。

素质目标

（1）培养学生操作紫外－可见分光光度计的动手能力。
（2）培养学生利用紫外－可见分光光度法对样品进行定性和定量分析的能力。
（3）培养学生对紫外－可见分光光度计进行维护和简单故障维修。
（4）培养学生规范意识、标准意识以及实事求是、精益求精的工匠精神。

任务一

认知紫外－可见分光光度法

任务清单 3-1
认知紫外－可见分光光度法

名称	任务清单内容
任务情景	学习《中国药典》（2020版，四部，通则0401）紫外-可见分光光度法。回答什么是紫外-可见分光光度法？基本原理是什么
任务分析	紫外-可见分光光度法属于光学分析法的一种，是一种利用物质对光的吸收建立起来的方法
任务目标	1. 认知紫外-可见分光光度法 2. 掌握紫外-可见分光光度法的原理
任务实施	1. 光的定义、性质及分类 2. 物质与光的相互作用 3. 光的吸收定律 4. 紫外-可见分光光度法的定义及原理
任务总结	通过完成上述任务，你学到了哪些知识或技能

一、光的相关知识

（一）光的定义

光是一种电磁辐射，是电磁波中的一部分，是一种不需要任何物质作为传播媒介就可以以巨大速度通过空间的光子流（量子流）。

（二）光的性质

光具有波粒二象性，即波动性和微粒性。

1. 波动性

表现：光的传播以及反射、衍射、干涉、散射等。

描述参数：T（周期），ν（频率），λ（波长），σ（波数），c（光速）。

频率 ν 是每秒内的波动次数，单位为 Hz。波数 σ 是每厘米长度中波的数目，单位为：cm^{-1}。波长、波数和频率的关系如下：

$$\nu = \frac{c}{\lambda} \tag{3-1}$$

$$\sigma = \frac{1}{\lambda} = \frac{\nu}{c} \tag{3-2}$$

式中，c 是光在真空中的传播速度，$c=3.0\times10^8$m/s。

2. 微粒性

光是不连续的粒子流，这种粒子称为光子。光的微粒性用每个光子具有的能量 E 作为表征。光子的能量与频率成正比，与波长成反比。它们的关系为：

$$E=h\nu=hc/\lambda=hc\sigma \tag{3-3}$$

式中，h 是普朗克常量，其值等于 6.6261×10^{-34}J·s。

（三）电磁波谱与光的分类

电磁波谱按波长从小到大可分为：γ射线、X射线、紫外线、可见光、红外线、微波、无线电波等。不同波长的电磁波能量不同，引起物质的能级跃迁也不同，产生相应的不同分析方法。电磁波各区域的名称、波长范围、能量大小及相应能级跃迁类型见表3-1。

表3-1 电磁波谱

能级跃迁类型	波长 λ	电磁波区域	方法
核能级	<0.005nm	γ射线区	γ射线光谱法
内层电子跃迁	0.005~10nm	X射线区	X射线荧光分析法
	10~200nm	真空紫外区	
外层电子跃迁	200~400nm	近紫外光区	发射光谱法：原子发射光谱、原子荧光分析、分子荧光分析、分子磷光分析
	400~800nm	可见光区	吸收光谱法：紫外-可见分光光度法、原子吸收
分子振动能级	0.8~2.5μm	近红外光区	吸收光谱法：红外光谱法
	2.5~50μm	中红外光区	
分子转动能级	50~1000μm	远红外光区	吸收光谱法：顺磁共振波谱法、核磁共振波谱法
	1~300mm	微波区	
电子和核自旋	>300mm	无线电波区	

（四）光与物质的作用

光与物质能发生多种作用，如发射、吸收、反射、折射、散射、衍射等，其中在药物分析中比较常用的有吸收和发射，在光的吸收和发射过程中，光子与物质之间会发生能量的传递。

1. 吸收

物质选择性吸收特定频率的光（能量），并从低能级跃迁到高能级。

物质对光的吸收具有选择性：因为物质粒子总是处于特定的不连续的能量状态（即能量是量子化的），各能态具有特定的能量；当光作用于物体时，如果光的能量正好等于物质某两个能级之间的能量差 ΔE，光才可能被物质所吸收。用 ΔE 表示不同能级间的能级差，E_0 表示基态的能量，E_i 表示其他能量状态（激发态）的能量，其中 E_0 最小。即满足 $\Delta E=E_{i+1}-E_i=h\nu$（$i=0,1,\cdots$）时，光才可能被物质所吸收。

不同的物质结构不同，粒子的能级分布也不同，因此所吸收的光的频率或波长也不同。

2. 发射

物质从激发态回到基态，并以光的形式释放能量的过程。

二、紫外-可见分光光度法相关基础知识

（一）紫外-可见分光光度法的定义及原理

紫外-可见分光光度法（UV-Vis）是利用物质分子对紫外-可见光的吸收特征和吸收强度，对物质进行定性和定量分析的一种仪器分析方法。这里通常指光的波长为近紫外~可见的范围，即200~800nm。

该法具有灵敏度和准确度较高，仪器设备简单，操作方便，应用广泛等特点。

物质吸收紫外-可见光后，主要是发生内部核外电子的能级跃迁，由分子核外电子的跃迁而产生的光谱称为紫外-可见吸收光谱。不同物质的结构不同，其紫外-可见吸收光谱也不同。

（二）光的吸收定律

1. 透光率和吸光度

当一束强度为 I_0 的平行单色光通过一个均匀、非散射和反射的吸收介质时，一部分光子被吸收，一部分光子透过介质。如图3-1。

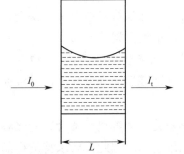

图3-1 溶液吸光示意图

设透过的光强度为 I_t，I_t 与入射光强度 I_0 之比定义为透光率或透射比，用 T 表示，即：

$$T = \frac{I_t}{I_0} \times 100\% \tag{3-4}$$

通常用吸光度 A 表示物质对光的吸收程度，其定义如下：

$$A = -\lg T = \lg \frac{I_0}{I_t} \tag{3-5}$$

透光率和吸光度都是表示物质对光的吸收的一种量度。透光率越大，吸光度越小，其介质对光的吸收越小；反之，透光率越小，吸光度越大，其介质对光的吸收越大。

2. 朗伯-比尔定律

（1）朗伯-比尔定律内容。该定律描述物质对单色光吸收强弱与液层厚度和待测物浓度的关系。

朗伯（Lambert）和比尔（Beer）分别于1760年和1852年研究了光的吸收与溶液液层厚度及溶液浓度的关系，得出光的吸收定律，也称为朗伯-比尔定律，定律的公式表达为：

$$A = klc \tag{3-6}$$

式中，A 为吸光度；c 为溶液的浓度；l 为溶液液层厚度；k 为吸光系数。k 与入射光的波长、溶液性质、温度等因素有关。其物理意义为：当一束平行单色光通过某一均匀、无散射的含有吸光物质的溶液时，在入射光的波长、溶液性质、温度等因素保持不变的情况下，溶液的吸光度与吸光物质浓度、液层厚度乘积呈正比。

朗伯-比尔定律不仅适用于紫外线、可见线，也适用红外线；不仅适用于均匀、无散射的

溶液，也适用于均匀、无散射的气体和固体。如果溶液中同时存在多种吸光物质，在同一波长下，各组分吸光度具有加和性，即测得的吸光度是各成分吸光物质吸光度的总和。其表达式为：

$$A_{总}=A_1+A_2+\cdots+A_n=E_1lc_1+E_2lc_2+\cdots+E_nlc_n \tag{3-7}$$

（2）偏离朗伯-比尔定律的因素。依据 Lambert-Beer 定律，A 与 c 关系应为经过原点的直线，但在实际工作中，A 与 c 的线性关系常常发生偏离，产生正偏差或负偏差，如图 3-2 所示。

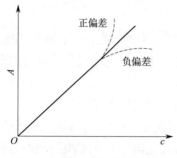

图 3-2　朗伯-比尔定律的偏离

① 非单色光的影响。朗伯-比尔定律的重要前提是入射光为单色光，但是"单色光"仅是理想情况，经紫外-可见分光光度计中色散元件分光所得的"单色光"实际上是有一定波长范围的光谱带（即谱带宽度），得不到理论上严格要求的单色光。由于吸光物质对不同波长的光的吸收不同，可导致测定偏差。单色光的"纯度"与狭缝宽度有关，狭缝越窄，它所包含的波长范围越小，单色性越好。

② 样品性质影响。被测溶液要求必须是均相体系，当待测溶液含有悬浮物或胶粒时，入射光经过不均匀的样品时，会有部分光因发生散射而损失，从而使透光强度减小，导致偏离朗伯-比尔定律。

另外，如果溶液本身不稳定，在测定过程中自身发生化学变化，如解离、缔合、光化等作用，从而使本身化学性质发生变化，也会导致偏离朗伯-比尔定律。因此，要求待测样品必须均一、稳定。

③ 样品浓度的影响。待测物的高浓度会导致吸光质点间隔变小，质点间相互作用变强，则可能会缔合，对特定辐射的吸收能力发生变化，从而导致偏离朗伯-比尔定律。因此，要求待测样品是稀溶液。一般要求溶液浓度不大于 0.01mol/L。

综上所述，利用朗伯-比尔定律进行测定时，应使用平行的单色光，待测溶液要求均一、稳定、浓度较小。

（三）吸光系数

朗伯-比尔定律中的 k 为吸光系数，表示物质对特定波长光的吸收能力。k 越大，表示物质对光的吸收能力越强。由于浓度的表达方法不同，单位不同，所对应的 k 的意义和表示方法也不相同，常用的有摩尔吸光系数和百分吸光系数。

1. 摩尔吸光系数

当溶液的浓度 c 用物质的量浓度表示时，k 称为摩尔吸光系数，用符号 ε 表示。在公式 $A=klc$ 中 A 的量纲为 1，l 的单位为 cm，因此，ε 的单位为 L/(mol·cm)。

2. 百分吸光系数

当浓度用质量浓度 g/100mL 表示时，k 称为百分吸光系数，用 $E_{1cm}^{1\%}$ 表示，其单位为 100mL/(g·cm)。应用时，通常 ε 和 $E_{1cm}^{1\%}$ 的单位可以省略不写。

ε 和 $E_{1cm}^{1\%}$ 可相互换算，关系式如下：

$$\varepsilon = E_{1cm}^{1\%} \times \frac{M}{10} \tag{3-8}$$

式中，M 为吸光物质的摩尔质量，g/mol。

（四）吸收光谱

若以不同波长的光照射某一溶液，并测量每一波长下溶液对光的吸收程度（即吸光度 A），以吸光度为纵坐标，相应波长为横坐标，所得 A-λ 曲线，称为吸收曲线，又称吸收光谱，如图3-3。

几个重要术语如下。

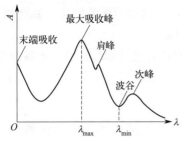

图 3-3　吸收光谱曲线示意图

① 吸收峰：吸收曲线上吸收最大且比左右相邻都高之处称为吸收峰。对应的波长称为最大波长，用 λ_{max} 表示。

② 谷：峰与峰之间最低且比左右相邻都低之处称为谷，其对应波长用 λ_{min} 表示。

③ 肩峰：在吸收峰旁曲折处的峰称为肩峰，其对应波长用 λ_{sh} 表示。

④ 末端吸收：在吸收光谱图短波段呈现强吸收但不成峰形的部分。

吸收光谱的重要意义如下。

1. 定性分析的依据之一

（1）同一种物质对不同波长光的吸光度不同。

（2）不同浓度的同种物质，吸收曲线形状相似，λ_{max} 不变（如图 3-4）。

（3）不同物质的吸收曲线形状和 λ_{max} 则不同。

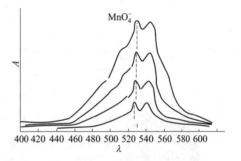

图 3-4　不同浓度 $KMnO_4$ 溶液吸收光谱图

2. 定量分析中选择入射光波长的重要依据

不同浓度的同一种物质，在某一波长下吸光度 A 有差异，因此可以进行定量分析。另外，在 λ_{max} 处吸光度的差异最大，因此，在定量分析中入射光的波长通常选择 λ_{max}。

三、显色反应

分光光度法都是建立在待测物质对光的吸收基础上的。如果待测组分本身没有颜色或本身颜色很浅，对光的吸收很弱，那么就无法直接进行测定，需利用显色反应将待测组分转变为有色物质，然后进行测定。这种将试样中待测组分转变成有色化合物的化学反应，叫显色反应。与待测组分形成有色化合物的试剂叫显色剂。

1. 显色反应的要求

常用的显色反应是氧化还原反应，也可以是配位反应，或是兼有上述两种反应，其中配位反应应用最普遍。同一种组分可与多种显色剂反应生成不同有色物质。在分析时，究竟选用何种显色反应较适宜，应考虑下面几个因素。

（1）显色反应灵敏度高。比色分析中待测样品组分含量很少，因此要求显色剂与待测组分之间的显色反应具有很好的灵敏度。有机化合物的摩尔吸光系数 ε 是显色反应灵敏度的重要标志。

（2）显色剂选择性好。显色剂只与待测组分发生显色反应，而与溶液中的共存组分不发生反应,这样仪器测量的数据才有很好的准确度。

(3)显色剂的对照性要高。显色剂与产物的颜色差异明显,通常用被测物质(或产物)与溶剂的最大吸收波长之差来衡量,差值越大,颜色差异越明显。

(4)显色反应产物稳定。要求待测组分与显色剂的反应产物有很好的稳定性,不易受空气、光等因素的影响。

2. 显色条件的选择

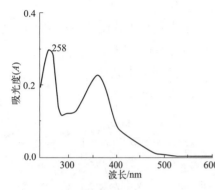

图 3-5 某待测溶液的紫外 - 可见光谱图

显色条件包括:显色剂浓度及用量、溶液 pH、显色反应的时间和温度。这些因素的最佳条件都需要通过实验验证。基本思路是测定溶液的吸光度随显色剂的浓度、用量、溶液酸度变化、显色反应的时间和温度的变化曲线,在吸光度随上述条件变化直至不再发生大的变化或者吸光度趋于不变时,确定以上各显色条件。

【示例 3-1】在测定某中药中黄酮含量时,对该中药处理后,配成某浓度的溶液并对该溶液进行紫外 - 可见光谱扫描(如图 3-5),请标出另外一个峰的峰位,并说明该待测溶液的 λ_{max} 为多少?如果对该溶液利用紫外 - 可见分光光度法进行含量测定,选择的入射光的波长为多少?

解:从该溶液的紫外 - 可见光谱图可以看出,另外一个峰的峰位大概在 360nm。在定量分析中入射光的波长通常选择 λ_{max} 处,因此,可以选择 258nm 或者 360nm。

任务 3-1
知识锦囊

任务二

操作和使用紫外 - 可见分光光度计

任务清单 3-2
紫外 - 可见分光光度计的结构及使用

名称	任务清单内容
任务情景	现有一台紫外 - 可见分光光度计,请你通过测定维生素 B_1 注射液的吸光度,判断其含量是否符合《中国药典》的规定

续表

名称	任务清单内容
任务分析	《中国药典》（2020版，二部）维生素B_1注射液的含量测定：精密量取本品适量（约相当于维生素B_1 50mg），其体积记为V，置200mL量瓶中，用水稀释至刻度，摇匀，精密量取5mL，置100mL量瓶中，用盐酸溶液（9→1000）稀释至刻度，摇匀，照紫外-可见分光光度法，在246nm的波长处测定其吸光度
任务目标	1. 熟悉紫外-可见分光光度计的结构组成；掌握紫外-可见分光光度计的使用 2. 会对紫外-可见分光光度计进行保养及对常见故障进行简单维修
任务实施	1. 紫外-可见分光光度计的结构组成 2. 紫外-可见分光光度计的类型 3. 紫外-可见分光光度计的使用
任务总结	通过完成上述任务，你学到了哪些知识或技能

一、紫外-可见分光光度计的结构组成

紫外-可见分光光度计是对紫外、可见光区波长的单色光的吸收程度进行测量的仪器，是药品质量分析与检测中最常用的仪器之一。目前，紫外-可见分光光度计型号繁多，但是仪器的组成及工作原理基本相似，其基本结构都是由五部分组成：光源、单色器、吸收池、检测器及信号处理和显示系统。见图3-6。

光源 → 单色器 → 吸收池 → 检测器 → 信号处理和显示系统

图3-6 紫外-可见分光光度计光路及结构示意图

（一）光源

1. 光源的要求

光源的作用就是提供仪器分析所需光谱区域内的连续光，因此，要求光源能够发射连续辐射，应有足够的辐射强度及良好的稳定性，辐射强度随波长的变化应尽可能小，光源的使用寿命长，操作方便。

2. 光源的种类

常用的光源有热辐射光源和气体放电光源两类。前者用于可见光区，如钨灯、卤钨灯等；后者用于紫外区，如氢灯和氘灯等。

（1）钨灯和卤钨灯。该光源发射的使用波长范围在320～1000nm，可作为可见光的连续光源，用作测量可见光区的吸收光谱。因此仪器又常称为可见分光光度计。卤钨灯发光强度和使用寿命都好于钨灯（图3-7），因而现在仪器常配用卤钨灯。

（2）氘灯或氢灯。该光源为气体放电光源，能发射150～400nm波长的连续光谱，适用于200～375nm紫外区的测量。氘灯（图3-8）的灯管内充有氢的同位素氘，发光强度和

灯的使用寿命比氢灯增加了 3～5 倍，现在仪器多用氘灯。

图 3-7　钨灯　　　　　图 3-8　氘灯

（二）单色器

单色器是从光源的复合光中分出单色光的光学装置，其主要特点是产生光谱纯度高、色散率高且波长可调节，是分光光度计的关键部位。单色器主要由进光狭缝、准直镜（透镜或凹面反射镜使入射光变成平行光）、色散元件、聚焦元件和出光狭缝等部分组成，如图 3-9 所示。其核心部分是色散元件，将连续光谱色散成为单色光。常用的色散元件有棱镜和光栅。

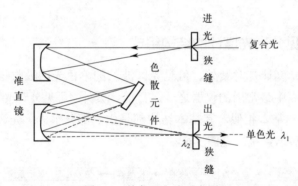

图 3-9　单色器光路示意图

棱镜利用光的折射率不同，可将复合光从长波到短波色散成为一个连续光谱。折射率差别越大，色散作用（色散率）越大。光栅是利用光的衍射与干涉作用制成的。

1. 准直镜

准直镜是以狭缝为焦点的聚光镜，既能将进入单色器的发散光变成平行光，又能用作聚光镜，将色散后的平行单色光聚集于出光狭缝。

2. 狭缝

狭缝宽度直接影响单色光的纯度，狭缝过宽，单色光不纯；狭缝太窄，光通量过小，灵敏度降低。定性分析时宜采用较小的狭缝宽度，而定量分析时可采用较大的狭缝宽度以保证有足够的光通量，提高灵敏度。

单色器的工作原理及过程：由光源发出并聚焦于进口狭缝的光经准直镜变为平行光投射至色散元件。经过棱镜或光栅色散元件，使不同波长的平行光有不同的偏转方向，形成按波长顺序排列的光谱，再经准直镜将色散后的平行光聚焦于出光狭缝，从而得到所需波长的单色光。

无论何种单色器，出射光中通常混有少量与仪器所指示的波长相差较大的光波，这些异常波长的光称为杂散光。杂散光会严重影响吸光度的准确测定。杂散光产生的原因主要是：各光学部件和单色器的外壳内壁的反射，大气或化学部件表面尘埃的散射；光学元件霉变、腐蚀等。为了消除杂散光，可将单色器用涂以黑色的罩壳封起来，通常不允许任意打开罩壳。

（三）吸收池

吸收池亦称比色皿，是盛放待测溶液的容器。吸收池一般为长方体，有玻璃和石英两种材料，其底及两侧为毛玻璃，另两面为光学透光面。因玻璃制成的吸收池对紫外线有吸收，所以玻璃吸收池只能用于可见光区；用石英制成的吸收池既可用于可见光区也可用于紫外区的分析测定中。

吸收池的规格是以光程为标志，常用的规格有 0.5cm、1.0cm、2.0cm、3.0cm、5.0cm 等（如图 3-10），其中以 1.0cm 的最为常用。在实际使用时，可根据待测溶液浓度的高低，选择合适光径大小的吸收池。吸收池用于盛放供试液和参比液时，除选用相同厚度外，两只吸收池的透光率之差应小于 0.5%，否则应进行校正。

图 3-10　不同规格的吸收池

注意：为减少入射光的反射损失和造成光程差，在放置吸收池时，应注意透光面垂直于光束方向。指纹、油渍或皿壁上其他沉积物都会影响其透射特性。因此，在使用吸收池时，应特别注意保护两个光学透光面的光洁，不能直接用手捏透光面。

（四）检测器

检测器是光电转换元件，将光信号转变成电信号，产生的电信号与照射光强成正比。通常对检测器的要求是在测量的光谱范围内具有高的灵敏度；对辐射能量的响应快、线性关系好、线性范围宽；对不同波长的辐射响应性能相同且可靠；有好的稳定性和低的噪声水平等。检测器有光电池、光电管和光电倍增管等。目前光电倍增管是紫外-可见分光光度计广泛使用的检测器。

（五）信号处理和显示系统

信号处理和显示系统就是将光电管输出的弱的电信号，经过放大并以某种方式将测量结果显示或记录出来。常用的信号指示装置有检流计、微安表、电位计等。现在的分光光度计多具有荧屏显示、结果打印及吸收曲线扫描等功能，同时会有计算机光谱工作站，可对数字信号进行采集、处理与显示，并对各系统进行自动控制。

二、紫外-可见分光光度计的类型

按光路系统不同，紫外-可见分光光度计可分为单光束、双光束和光二极管阵列分光光度计等。

（一）单光束分光光度计

在单光束光学系统中，经单色器分光后形成一束平行光的单色光，通过改变参比池和样品池的位置，进行参比溶液和样品溶液的交替测量。

测定时先将参比溶液放入光路中，吸光度调零，然后移动吸收池架的拉杆，使样品溶液进入光路，即可在信号显示系统上读出样品溶液的吸光度。这种简易型分光光度计结构简单，操作方便，维修容易，适用于常规分析，如图3-11所示。常用的单光束紫外-可见分光光度计有751型、752型、754型等，常用的单光束可见分光光度计有721型、722型等。

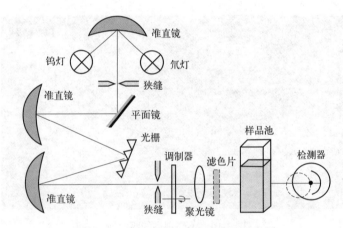

图3-11 单色光分光光度计光路示意图

（二）双光束分光光度计

双光束分光光度计中，同一波长的单色光分成两束进行辐射。由单色器分光后的单色光分为强度相等的两束光，分别通过参比溶液和样品溶液，如图3-12。由于两束光是同时通过参比溶液和样品溶液，因此能够自动消除光源强度变化所引起的误差，其灵敏度较好，但结构较复杂、价格较贵。日本的UV-2450型及我国的UV-2100型、UV-763型等均属于此类型。

（三）双波长分光光度计

由同一光源发出的光被分成两束，分别经过两个单色器，得到两束不同波长的单色光，再利用切光器使两束不同波长的单色光以一定频率交替照射同一溶液，然后再经过光电倍增管和电子控制系统进行信息处理，最后得到两波长处的吸光度的差值，如图3-13。双波长分光光度法在一定程度上消除了背景干扰及共存组分的干扰，提高了分析的灵敏度。

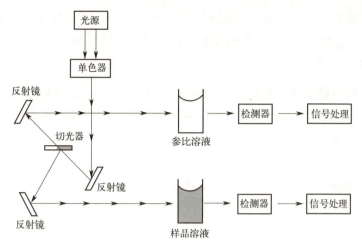

图 3-12　双光束分光光度计工作流程示意图

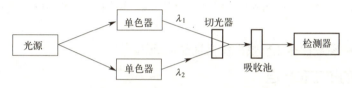

图 3-13　双波长分光光度计光路示意图

综上，用图 3-14 来简单明了地表示三种不同类型分光光度计的区别。

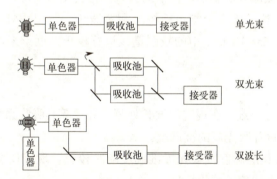

图 3-14　区别三种不同类型分光光度计的示意图

三、光学性能与仪器校正

无论哪种型号的分光光度计，在使用前都须对仪器的主要性能指标进行检查或校正，如波长的准确度，吸光度的准确度以及吸收池的准确度等。

（一）光学性能

1. 辐射波长

辐射波长的性能通常以波长范围、光谱带宽、波长准确度、波长重复性等参数表示。波长范围是指仪器所能测量的波长范围，通常为 200～800nm。光谱带宽是指在最大透光强度一半处曲线的宽度，此数值越小越好，通常为 6mm 以下。波长准确度表示仪器所显示的波长数值与单色光的实际波长值之间的误差。《中国药典》（2020 版，四部）中规定，仪器波长的允许误差为：紫外区≤±1nm，500nm附近≤±2mm。波长重复性是指重复使用同一波长，单色光实际波长的变动值，此数值亦是越小越好，通常≤1nm。

2. 仪器的测量范围

仪器的测量范围通常以透光率（吸光度）测量范围表示。仪器透光率（$T\%$）测量范围一般要求：$-1.0\% \sim 200.0\%$，若以吸光度表示则为：$-0.5 \sim 3.000$。

3. 仪器的重复性及准确度

光度重复性是同样情况下重复测量透光率（$T\%$）的变动，此数值亦是越小越好，通常≤±0.5%。光度准确度是以透光率（$T\%$）测量值的误差表示，透光率满量程误差≤±0.5%（铬酸钾溶液）。

4. 杂散光

杂散光通常以测光信号较弱的波长处所含杂色光的强度百分比为指标。现行《中国药典》规定220nm处NaI（1g/100mL）透光率<0.8%，340nm处$NaNO_2$（5g/100mL）透光率<0.8%。

以上光学性能参数往往能反映出仪器性能的好坏。

（二）仪器的校正和检定

1. 波长的校正

由于环境因素对机械部分的影响，仪器的波长经常会略有变动，因此除应定期对所用的仪器进行全面校正检定外，还应于测定前校正测定波长。常用汞灯（237.83nm、253.65nm等）或氘灯（486.0nm、656.10nm）中的较强谱线进行校正。近年来，常使用高氯酸钬溶液校正双光束仪器。

2. 吸光度的校正

使用重铬酸钾的硫酸溶液，在规定的波长处测定并计算其吸收系数，并与规定的吸收系数比较，来检定分光光度计吸光度的准确度。

在测定过程中对波长准确度及吸光度准确度随时校正。现代仪器一般均有开机自检功能，方便快捷，可省去上述校正法的烦琐。

3. 杂散光的检查

测定规定浓度的碘化钠或亚硝酸钠溶液在规定波长处的透光率来进行检查。

4. 吸收池的配套性

按表3-2波长和介质，将一个吸收池的透射比调至100%（空气参比），测量另一吸收池透射比。

表3-2 吸收池的配套性检查

名称	波长	介质	配套误差
玻璃吸收池	440nm	蒸馏水	透射比差值≤0.3%（国标0.5%）
石英吸收池	220nm	蒸馏水	

上述各项目的校正和检定具体方法可参见《中国药典》（2020 版，四部）。

四、测量偏差减小技术

根据朗伯-比尔定律，当吸收池厚度一定时，吸光度对浓度作图时应得到一条通过原点的直线。但在实际工作中，吸光度与浓度之间的关系常发生偏离，会给实验结果带来偏差。为了消除或减少偏差，通常从以下几个方面进行。

（一）测量波长的选择

根据待测组分的吸收光谱，通常选择有最大吸收强度吸收峰的波长 λ_{max} 且谱带较窄的光束为入射波长。因为在 λ_{max} 处待测组分每单位浓度所改变的吸光度最大，具有很好的灵敏度，且在 λ_{max} 处吸光度随波长的变化最小，从而使测量具有较高的准确度。但如果 λ_{max} 处吸收峰太尖锐，则在满足分析灵敏度的前提下，选择次一级的吸收峰或肩峰对应波长作为测量波长，如图 3-15。

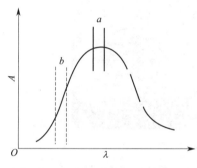

图 3-15 测量波长选择的示意图

（二）吸光度的范围

吸光度 A 在 0.3～0.7 时，实验偶然变动因素（光源的稳定性、测量环境改变等）对测量结果的影响较小，相对误差较小，所以，在测量时，通常对吸光度的测量范围要求在 0.2～0.8 内。若超出该范围，可通过改变吸收池规格、稀释溶液浓度（$A>0.8$）等方法进行调节。特别是在进行定量分析时，吸光度在该范围内可以减小误差，提高准确度。

（三）空白校正

测量试样溶液的吸光度时，实际是测定溶液对光的透光率。当入射光通过溶液时，溶剂、吸收池对光的吸收、反射和散射等因素都会对吸光度的测量带来误差。为了消除这方面的干扰，减少测量误差，常用空白校正。

空白校正是采用光学性质相同、厚度相同的吸收池装入空白溶液作参比，调节仪器，使透过参比吸收池的透光率为 100% 或吸光度为 0，然后再将装有被测物溶液的吸收池移入光路中测量透光率或吸光度。空白溶液也称为参比溶液，是指不含被测物质的溶液。根据试样溶液的性质，选择合适组分的参比溶液的方法有以下几种。

1. 溶剂参比

当试样溶液的组成较为简单，共存的其他组分很少且对测定波长的光几乎没有吸收，以及显色剂没有吸收时，可采用纯溶剂作为参比溶液，这样可消除溶剂、吸收池等因素的影响。

2. 试剂参比

如果显色剂或其他试剂在测定波长有吸收，按显色反应相同的条件，只是不加入试样溶液，同样加入试剂和溶剂作为参比溶液。这种参比溶液可消除试剂中组分所产生吸收的影响。

3. 试样参比

如果试样基体（除被测组分外的其他共存组分）在测定波长处有吸收，而与显色剂不起显色反应时，可不加显色剂但按与显色反应相同的条件处理试样，作为参比溶液。这种参比溶液适用于试样中有较多的共存组分，加入的显色剂量较少且显色剂在测定波长无吸收的情况。

五、紫外－可见分光光度计的使用

（一）使用步骤

（1）打开样品室盖，取出干燥剂（如图3-16）。插上电源，关闭盖子，打开开关，仪器进入自检（图3-17），自检结束后预热30min。

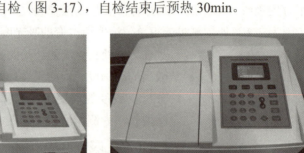

紫外－可见分光光度计的结构及使用

图3-16 开盖　　　　　　图3-17 开机自检

（2）清洗吸收池（图3-18），并用镜头纸擦干吸收池外面的水（图3-19）。注意手拿吸收池的毛面，不能拿吸收池的透光面，以防污染透光面，影响透光面对光的吸收。

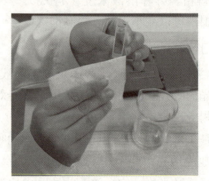

图3-18 清洗吸收池　　　图3-19 擦干吸收池外面的水

（3）装液，并把吸收池放到样品室架上（图3-20）。注意装液的高度为吸收池高度的 $\frac{3}{4} \sim \frac{4}{5}$，不能太少也不能太多。

（4）不联机时，测定待测溶液的吸光度（或者透光率）。

① 如图3-21所示，设置入射光的波长（按"GO TO λ"键），并如图3-22所示用参比溶液先校零（按"ZERO"键）；

② 再把待测溶液推入光路中进行测量。

（5）联机时，测定待测溶液的吸光度（或者透光率）。

① 打开电脑，点击桌面上的工作站图标，仪器会自动和

图3-20 装液

计算机工作站联机（图 3-23）；

② 联机后，先用参比溶液校零，再把待测溶液推入光路，点"开始"即可测量吸光度（图 3-24）。

图 3-21　设置入射光的波长

图 3-22　校零

图 3-23　仪器与计算机工作站联机

图 3-24　联机时的校零和测定

（二）使用注意事项

（1）仪器使用前需要开机预热 30min。

（2）不要在仪器上方倾倒样品溶液，以免样品污染仪器表面，损坏仪器。

（3）取吸收池时，手拿毛玻璃面的两侧，装盛样品溶液时以池体高度的 3/4～4/5 为度，不能装太少也不能太多。

（4）使用挥发性溶液时应加盖，透光面要用擦镜纸由上而下擦拭干净，检视应无溶剂残留。

（5）吸收池放在样品架上，要注意透光面对准入射光；有多个吸收池时，要注意方向相同；且要注意配对使用。

（6）吸收池使用完毕后应用乙醇或水冲洗干净、晾干、装入吸收池盒中保存。如吸收池被有色物质污染，可用 3mol/L HCl 和等体积乙醇的混合液洗涤，必要时可用 20W 的超声波清洗机清洗 0.5h。

（三）仪器的日常保养维护

紫外 - 可见分光光度计是精密的光学仪器，因此使用者要注意日常保养和维护。除经常做好清洁工作外，还应注意以下几点。

（1）经常开机。如果仪器不经常使用，最好每周开机一到两个小时，一方面可去潮湿，避免光学元件和电子元件受潮；另一方面可保持各机械部件不会生锈，保证机器能正常运转。

（2）经常进行校验。经常校验仪器的技术指标，一般每半年检查一次，最少每年要检查一次，一旦发现哪项技术指标有问题，用户不要轻易盲动，应该通知专业维修工程师来维修。

（3）紫外-可见分光光度计不能安装在太阳直接晒到的地方，以免光线太强，影响仪器的使用寿命。

（4）在仪器不使用时不要长时间开光源灯，以防灯的寿命缩短。如灯泡发黑，亮度明显减弱或不稳定，应及时更换新灯。

（四）常见故障诊断及排除方法

紫外-可见分光光度计是由光、机、电等部分组件组成，光学部分有受潮发霉、性能变坏的可能，机械部分有磨损的问题，电子元件有老化的问题等。因此，紫外-可见分光光度计出现临时故障都是很正常的，故障产生的原因也很多，如仪器制造的缺陷、环境因素的影响、操作不当等，所以使用者应掌握一般的故障诊断和排除方法。

任务 3-2 知识锦囊

根据长期使用紫外-可见分光光度计的实际经验，介绍一些常见的故障及排除方法（如表3-3）。

表 3-3 紫外-可见分光光度计的常见故障及其排除方法

常见故障	故障排除方法
紫外-可见分光光度计电源接通后，光源不亮	1. 光源灯泡已损坏，则更换氘灯或钨灯 2. 保险管烧坏，则更换保险管
打开主机后，发现不能自检，主机风扇不转	1. 检查电源开关是否正常 2. 检查保险丝（或更换保险丝） 3. 检查计算机主机与紫外-可见分光光度计连线是否正常
自检时，某项不通过，或出现错误信息	1. 关机，稍等片刻再开机重新自检 2. 重新安装软件后再自检 3. 检查计算机主机与紫外-可见分光光度计连线是否正常
自检时提示波长自检出错	检查样品室的盖子是否被打开，可关上仪器样品室盖子，重新自检
自检时出现"钨灯能量低"的错误	1. 检查光度室是否有挡光物 2. 打开光源室盖，检查钨灯是否点亮；如果钨灯不亮，则关机，更换新钨灯 3. 开机，重新自检 4. 重新安装软件后再进行自检
紫外-可见分光光度计自检时提示通信错误	检查紫外-可见分光光度计与电脑之间的数据线是否连接好，连接好数据线，重新打开仪器和软件，重新自检
整机噪声很大	1. 检查氘灯、钨灯是否寿命到期；查看氘灯、钨灯的发光点是否发黑 2. 检查氘灯、钨灯电源电压是否正常 3. 查看周围有无强电磁场干扰
测量时吸光度值很大	1. 检查样品是否太浓 2. 检查光度室是否有挡光（波长设置在546nm左右，用白纸在样品室观看光斑） 3. 检查光源是否点亮 4. 关机，重新自检
吸光值结果出现负值	样品的吸光值可能小于空白参比液
测试过程中提示能量太低	1. 紫外-可见分光光度计光源灯泡使用时间超过寿命期 2. 样池中有不透光的东西挡住了光
出怪峰	1. 试样是否有问题 2. 检查吸收池是否被沾污 3. 光学元件是否有污点

任务三

应用紫外－可见分光光度法进行定性和定量分析

任务清单 3-3
应用紫外－可见分光光度法进行定性和定量分析

名称	任务清单内容
任务情景	某同学在药店购买的枸杞子，请你测定枸杞子中枸杞多糖的含量是否符合《中国药典》的规定
任务分析	《中国药典》（2020版，一部）药材和饮片部分，叙述了枸杞子的含量测定。枸杞多糖对照品溶液的制备为：取无水葡萄糖对照品 25mg，精密称定，置 250mL 量瓶中，加水适量溶解，稀释至刻度，摇匀，即得（每 1mL 中含无水葡萄糖 0.1mg）。标准曲线的制备：精密量取对照品溶液 0.2mL、0.4mL、0.6mL、0.8mL、1.0mL，分别置具塞试管中，分别加水补至 2.0mL，各精密加入 5% 苯酚溶液 1mL，摇匀，迅速精密加入硫酸 5mL，摇匀，放置 10min，置 40℃ 水浴中保温 15min，取出，迅速冷却至室温，以相应的试剂为空白，照紫外－可见分光光度法（通则 0401），在 490nm 的波长处测定吸光度，以吸光度为纵坐标，浓度为横坐标，绘制标准曲线。待测样品经处理后，依法测定吸光度，从上述标准曲线上读出供试品溶液中葡萄糖的重量，计算，即得
任务目标	1. 掌握应用紫外-可见分光光度法进行定性分析的方法 2. 熟悉应用紫外-可见分光光度法进行药品纯度检查的方法 3. 掌握应用紫外-可见分光光度法进行定量分析的方法
任务实施	1. 应用紫外-可见分光光度法进行药品定性分析 2. 应用紫外-可见分光光度法进行药品纯度检查 3. 应用紫外-可见分光光度法进行药品定量分析
任务总结	通过完成上述任务，你学到了哪些知识或技能

　　紫外-可见分光光度法因其具有灵敏度高、准确度高、选择性好、操作简单等特点已成为应用面较广的分析仪器。它的应用范围已涉及生物制药、药物分析、医疗卫生、化学化工、石油冶金等领域，既是对物质进行定性分析和定量分析的一种手段，也是结构分析的一种辅助手段。

　　在药物分析中，紫外-可见分光光度法主要用于样品的定性分析和定量分析。

一、定性分析

(一) 定性分析的原理

利用紫外吸收光谱的形状、吸收峰的数目、各吸收峰的波长和相应的吸收系数等可对部分有机化合物进行定性鉴别。但由于紫外-可见吸收光谱较简单,特征性不强,不能表征分子的整体结构,即使吸收光谱完全相同也并不一定为相同的化合物。因此,这种方法应用于定性分析有较大的局限性。但是它适用于不饱和有机化合物,尤其是共轭体系的鉴定,并可以此推测未知物的骨架结构。此外,还可配合红外光谱法、核磁共振波谱法和质谱法等,对化合物进行定性鉴定和结构分析。

(二) 定性分析的方法

定性分析一般采用对比法。

1. 比较吸收光谱的一致性

两个相同化合物,在同一条件下测定其吸收光谱应完全一致。利用这一特性,将试样与对照品用同一溶剂配制成相同浓度的溶液,分别测定其吸收光谱,然后比较光谱图是否完全一致。另外也可利用与标准谱图相同条件下测试得到的样品图谱与标准谱图比较。

2. 比较吸收光谱的特征数据

常用于鉴别的光谱特征数据有吸收峰λ_{max}、峰的个数和峰值吸收系数ε和$E_{1cm}^{1\%}$,有时也用吸收谷或肩峰值同时作为鉴别的依据。

3. 吸光度比值的比较

有些物质的光谱上有几个吸收峰,可将在不同的吸收峰谷处测得的吸光度的比值作为鉴别的依据。

(三) 纯度检查

1. 杂质检查

利用试样与所含杂质在紫外-可见光区吸收的差异,可进行杂质检查。例如苯在256nm处有吸收,环己烷则在此波长无吸收,可用于环己烷中少量杂质苯的检出。

【示例 3-2】维生素B_{12}的鉴别[《中国药典》(2020版,二部)]:取本品适量,精密称定,加水溶解制得每1mL中约含25μg的溶液,在278nm、361nm与550nm的波长处有最大吸收。它们吸光度的比值应为:A_{361}/A_{278}在1.70～1.88之间,A_{361}/A_{550}在3.15～3.45之间。

2. 杂质的限量检测

肾上腺素合成过程中有一中间体肾上腺酮,当它还原成肾上腺素不完全时,会被带入产品中,成为肾上腺素的杂质而影响疗效。因此,肾上腺素中应限制混入的杂质肾上腺酮的量。《中国药典》(2020版,二部)中,利用在0.05mol/L HCl溶液中肾上腺酮和肾上腺素的紫外吸收光谱的显著不

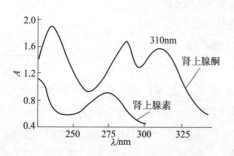

图 3-25 肾上腺酮和肾上腺素的紫外吸收光谱

同，对杂质肾上腺酮进行限量检查，如图3-25所示。

检查方法是将肾上腺素成品用0.05mol/L HCl溶液配制成2mg/mL的溶液置于1cm吸收池中，在310nm处测定，其吸光度不得超过0.05（以肾上腺酮的百分吸光系数等于435计算，含酮体不超过0.06%）。

二、定量分析

一般来说，凡是在紫外或可见光区有较强吸收的物质，或者试样本身没有吸收，但可以通过化学方法把它转变成在该区有一定吸收强度的物质，都可以在一定条件下测定其溶液的吸光度，再依据朗伯-比尔定律即可求出其溶液的浓度。当试样中仅有单一组分或试样中共存的其他组分在测量时没有干扰或干扰很小可以忽略时，常用以下几种定量方法。

（一）单组分的定量分析

1. 吸光系数法

吸光系数法是根据朗伯-比尔定律，即若 L 和吸光系数 ε 或 $E_{1cm}^{1\%}$ 已知，可根据测得的 A 求出被测物的浓度。

$$c = \frac{A}{\varepsilon L} \text{ 或 } c = \frac{A}{E_{1cm}^{1\%} L} \tag{3-9}$$

该法的前提是要知道 ε 或 $E_{1cm}^{1\%}$，这种方法也称绝对法。

【示例3-3】 吸光系数法求维生素 B_{12} 原料药的含量：已知维生素 B_{12} 在361nm波长处的百分吸光系数是207。将配制好的维生素 B_{12} 原料药的水溶液溶于1cm吸收池中，测得溶液的吸光度为0.612，求该溶液的浓度。

解： 由 $c = \dfrac{A}{E_{1cm}^{1\%} L}$ 得该溶液的浓度为：

$$c = \frac{0.612}{207} = 0.003(g/100mL)$$

2. 标准曲线法

标准曲线法又称校正曲线法。配制一系列不同浓度的标准溶液（一般配制5～6个标准溶液），以不含被测组分的空白溶液作为参比，在相同条件下测定标准溶液的吸光度，绘制吸光度-浓度曲线，此曲线称为标准曲线，见图3-26。相同条件下测定待测试样溶液的吸光度，从标准曲线上找到与之对应的浓度，即试样溶液的浓度。

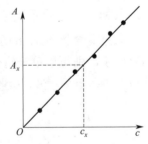

图3-26 标准曲线法确定未知样品溶液的浓度

绘制标准曲线应注意以下几点：①建立标准曲线时，首先要确定符合朗伯-比尔定律的浓度线性范围，只有在线性范围内进行的定量测量才准确可靠；②配制一系列不同浓度的标准溶液，浓度范围应包括试样溶液浓度的可能变化范围，《中国药典》要求至少应作六个点；③测定时每一浓度至少应同时作两管（平行管），同一浓度平行管测定得到的吸光度值相差不大时，取其平均值；④可用最小二乘法处理，由一系列的吸光度浓度数据求出直线回归方程；⑤标准曲线应经常重复检查，在更换标准溶液、仪器修理、更换光源等工作条件有变动时，应重新作标准曲线。

3. 标准对照法

在相同条件下配制标准溶液和供试品溶液，在选定波长处，分别测其吸光度，根据朗伯-比尔定律，因标准溶液和供试品溶液是同种物质、同台仪器及同一波长并于厚度相同的吸收池中测定的，故 L、ε 或 $E_{1cm}^{1\%}$ 均相等，则有：

$$c_{样}=\frac{A_{样}c_{标}}{A_{标}} \qquad (3-10)$$

注意：标准对照法应用的前提是制备的标准曲线应过原点。

【示例 3-4】 精密吸取维生素 B_{12} 注射液 2.5mL，加蒸馏水稀释至 10mL；另精密称取维生素 B_{12} 对照品 25mg，加蒸馏水稀释至 1000mL；在 361nm 波长处用 1cm 吸收池，分别测得吸光度为 0.508 和 0.518，试计算维生素 B_{12} 注射液浓度。

解：已知：$A_x=0.508$　　$A_s=0.518$　　$c_s=25\mu g/mL$

由：$\dfrac{c_x}{c_s}=\dfrac{A_x}{A_s}$

得：$c_x=\dfrac{0.508\times 25}{0.518}=24.52(\mu g/mL)$

$c_{注}=c_x\times\dfrac{10}{2.5}=98.08(\mu g/mL)$

（二）多组分的定量分析

如果在一个待测溶液中需要同时测定两个以上组分的含量，就是多组同时测定。多组分同时测定的依据是吸光度的加和性，现以两组分为例作介绍。两种纯组分的吸收光谱可能存在以下三种情况。

1. 吸收光谱互不重叠

如果混合物中 a、b 两个组分的吸收曲线互不重叠，则相当于两个单一组分，如图 3-27（a）所示，则可用单一组分的测定方法分别测定 a、b 组分的含量。由于紫外吸收带很宽，所以对于多组分溶液，吸收带互不重叠的情况很少见。

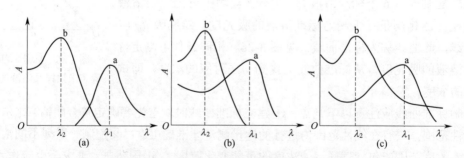

图 3-27　混合组分吸收光谱相互重叠的三种情况

2. 吸收光谱部分重叠

如图 3-27 中的（b），两组分吸收光谱部分重叠计算法：

（1）a、b 两组分的吸收光谱部分重叠，此时 λ_1 处按单组分测定 a 组分浓度，b 组分此处无干扰。

（2）在 λ_2 处测得混合溶液的总吸光度 A_2^{a+b}，根据加和性计算 c_b，假设液层厚度为 1cm，则

$$A_2^{a+b}=A_2^a+A_2^b=E_2^a c_a+E_2^b c_b \tag{3-11}$$

$$c_b=\frac{A_2^{a+b}-E_2^a c_a}{E_2^b} \tag{3-12}$$

3. 吸收光谱完全重叠

如图 3-27 中的（c），a、b 吸收光谱双向重叠，互相干扰，在最大波长处互相吸收。处理方法如下。

（1）解线性方程组法。λ_1 处测定 A_1^{a+b}

$$A_1^{a+b}=A_1^a+A_1^b=E_1^a c_a+E_1^b c_b \tag{3-13}$$

λ_2 处测定 A_2^{a+b}

$$A_2^{a+b}=A_2^a+A_2^b=E_2^a c_a+E_2^b c_b \tag{3-14}$$

以上两式联合起来组成方程组，即可解出 c_a、c_b。

（2）等吸收双波长法。采用此法时须满足两个基本条件：选定的两个波长下干扰组分具有等吸收点；选定的两个波长下待测物的吸光度差值应足够。

$$A_1^{a+b}=A_1^a+A_1^b$$
$$A_2^{a+b}=A_2^a+A_2^b$$

以上两式相减，得：

$$\begin{aligned}\Delta A^{a+b} &= A_1^{a+b}-A_2^{a+b} \\ &=(A_1^a-A_2^a)+(A_1^b-A_2^b) \\ &=\Delta A^a+\Delta A^b \\ &=\Delta A^b\,(A_1^a=A_2^a) \\ &=E_1^b c_b L-E_2^b c_b L \\ &=(E_1^b L-E_2^b L)c_b \\ \Delta A &= kc_b \end{aligned} \tag{3-15}$$

从式（3-15）可以看出，仪器的输出信号 ΔA 与干扰组分 a 无关，它只正比于待测组分 b 的浓度，即消除了 a 的干扰，即可测定组分 b 的浓度。同样方法消除了 b 的干扰，即可测定组分 a 的浓度。

知识测试与能力训练

一、选择题

1. 光的波长、频率、能量之间具有下列关系（　　）。
A. 波长越长，频率越低，能量越小　　B. 波长越长，频率越高，能量越小
C. 波长越长，频率越低，能量越大　　D. 波长越长，频率越高，能量越大

2. 物质的紫外-可见吸收光谱的产生是由于（　　）。
   A. 分子的振动　　　　　　　　B. 分子的转动
   C. 原子核外层电子的跃迁　　　D. 原子核内层电子的跃迁
3. 常见紫外-可见分光光度计的波长范围为（　　）。
   A.200～400nm　　B.400～760nm　　C.200～760nm　　D.400～1000nm
4. 在紫外-可见分光光度计中要选择200～400nm的入射光范围，这一光区应选用的光源是（　　）。
   A. 空心阴极灯　　B. 钨灯　　C. 氢灯或氘灯　　D. 能斯特灯
5. 人眼能感觉到的光称为可见光，其波长范围是（　　）。
   A.200～400nm　　B.400～760nm　　C.200～760nm　　D.400～1000nm
6. 吸光物质的摩尔吸光系数与下面因素中有关的是（　　）。
   A. 吸收池材料　　B. 吸收池厚度　　C. 吸光物质浓度　　D. 入射光波长
7. 符合比尔定律的有色溶液稀释时，其最大吸收峰的波长位置将（　　）。
   A. 向长波方向移动　　　　　　B. 不移动，但峰高降低
   C. 向短波方向移动　　　　　　D. 不移动，但峰高升高
8. 在紫外-可见分光光度法测定中，使用参比溶液的作用是（　　）。
   A. 调节仪器透光率的零点　　　B. 吸收入射光中测定所需要的光波
   C. 调节入射光的光强度　　　　D. 消除试剂等非测定物质对入射光吸收的影响
9. 下列不是分光光度计光学性能参数的是（　　）。
   A. 分辨率　　B. 波长范围　　C. 杂散光　　D. 透光率
10. 在用300nm波长进行分光光度测定时，应选用（　　）比色皿。
    A. 硬质玻璃　　　　　　　　　B. 软质玻璃
    C. 石英　　　　　　　　　　　D. 透明有机玻璃
11. 有A、B两份不同浓度的有色物质溶液，A溶液用1.00cm吸收池，B溶液用2.00cm吸收池，在同一波长下测得的吸光度的值相等，则它们的浓度关系为（　　）。
    A.A是B的1/2　　B.A等于B　　C.B是A的4倍　　D.B是A的1/2
12. 分光光度法的吸光度与（　　）无关。
    A. 入射光的波长　　　　　　　B. 液层的高度
    C. 液层的厚度　　　　　　　　D. 溶液的浓度
13. 分光光度计产生单色光的元件是（　　）。
    A. 光栅+狭缝　　B. 光栅　　C. 狭缝　　D. 棱镜
14. 在分光光度法中，运用朗伯-比尔定律进行定量分析采用的入射光为（　　）。
    A. 白光　　B. 单色光　　C. 可见光　　D. 紫外线
15. 为了减少测量的相对误差，通常将吸光度控制在（　　）范围内。
    A.15%～65%　　B.0.2～0.8　　C.0.368～0.434　　D.0.3～0.9
16. 在符合朗伯-比尔定律的范围内，溶液浓度、最大吸收波长和吸光度三者的关系是（　　）。
    A. 增加、增加、增加　　　　　B. 减小、不变、减小

C. 减小、增加、减小　　　　　　　　D. 增加、不变、减小

17. 双波长分光光度计和单波长分光光度计的主要区别是（　　　）。
A. 光源的个数　　　　　　　　　　　B. 单色器的个数
C. 吸收池的个数　　　　　　　　　　D. 单色器和吸收池的个数

18. 测定一系列浓度相近的样品溶液时，常选择的测定方法是（　　　）。
A. 标准曲线法　　B. 标准对照法　　C. 绝对法　　　　D. 解线性方程组法

19. 某药物的摩尔吸光系数很大，说明（　　　）。
A. 该药物溶液的浓度很大　　　　　　B. 光通过该药物溶液的光程很长
C. 该药物对某波长的光吸收很强　　　D. 测定该药物的灵敏度不高

20. 在分光光度计上用标准对照法测定某中药注射液中黄酮苷的含量，标准溶液浓度为 0.02mg/mL，其吸光度为 0.460，样品供试液吸光度为 0.230，则样品中黄酮苷含量为（　　　）。
A. 0.01mg/mL　　　B. 0.1mg/mL　　　C. 0.02mg/mL　　　D. 0.2mg/mL

二、简答题

1. 吸光度与透光率之间的关系是什么？
2. 光的吸收曲线的横坐标和纵坐标分别是什么？光的吸收曲线有什么意义？
3. 光的吸收定律的物理意义及公式是什么？
4. 吸光系数有哪两种？在朗伯-比尔定律中，光的吸收系数与浓度之间有什么样的对应关系？
5. 按顺序写出紫外-可见分光光度计的结构组成并写出每个构件的作用。

三、计算题

1. 某化合物的摩尔吸收系数为 13000L/（mol·cm），该化合物的水溶液在 1.0cm 吸收池中的吸光度为 0.425，试计算此溶液的浓度。
2. 已知维生素 B_{12} 在 361nm 处的百分吸光系数为 207，精密称取样品 30.0mg，加水溶解后稀释至 1000mL，在该波长处用 1.00cm 吸收池测定溶液的吸光度为 0.618，计算样品溶液中维生素 B_{12} 的质量分数。
3. 称取维生素 C 0.0500g，溶解于 100 mL 的 5mol/L 硫酸溶液中，准确量取此溶液 2.00 mL，稀释至 100mL，取此溶液于 1cm 吸收池中，在 245nm 处测得 A 值为 0.498。求样品中维生素 C 的质量分数。（注：维生素 C 标注品在 245nm 处的 $E_{标}$ =560）

实验能力训练二

不同浓度高锰酸钾溶液吸收曲线的扫描

【仪器及用具】

紫外-可见分光光度计；容量瓶：1000mL（1个）、100mL（3个）；吸耳球；洗瓶（配蒸

馏水）；烧杯（5个）；移液管或吸量管：3mL、2mL、1mL（或者对应规格的移液枪）；滤纸；镜头纸等。

【试剂和药品】

$KMnO_4$ 试剂等。

【实验内容及操作过程】

序号	步骤	操作方法及说明	操作注意事项
1	0.01mol/L $KMnO_4$ 溶液的配制	称取 1.58g 高锰酸钾固体，置于烧杯中溶解，定容至 1000mL，混匀，该溶液浓度为 0.01mol/L	所用 $KMnO_4$ 应为分析纯或者优级纯；称量至少用千分之一的天平
2	0.0001、0.0002、0.0003mol/L $KMnO_4$ 溶液的配制	用吸量管（或者移液管）移取上述高锰酸钾溶液 1.00、2.00、3.00mL，放入 100mL 容量瓶中，加水稀释至刻度，充分摇匀，即得	定容后容量瓶中凹液面最低处应与刻度线相切
3	开机，仪器自检	打开紫外-可见分光光度计的开关，盖上样品室盖子，仪器进入自检状态	此时吸收池架上不需要放吸收池
4	紫外-可见分光光度计与计算机工作站联机	仪器通过自检后，打开电脑，点击电脑桌面上工作站的图标，点击联机，使紫外-可见分光光度计与计算机工作站联机	有的仪器打开后可以自动与工作站联机
5	清洗并润洗吸收池	先用去离子水清洗吸收池，再用待盛放的溶液润洗吸收池	本次实验入射光是可见光，因此可用玻璃吸收池，也可以用石英吸收池
6	装液	把参比溶液及上述配制的 0.0001、0.0002、0.0003mol/L $KMnO_4$ 溶液分别装入吸收池中	最好用一盒四个的吸收池，并且四个吸收池也需要先做配套性检查。实验参比溶液是去离子水
7	吸收曲线扫描	点击工作站上的"吸收曲线扫描"功能模块，进入参数设置，比如设置扫描波长的范围、浓度单位、扫描次数等参数	实验扫描波长范围是：440～700nm，波长间隔为 1nm
8	基线扫描	把参比溶液推入光路，点击工作站上的"校零"按钮，进行基线扫描	基线扫描结束后关掉对话框
9	吸收曲线的扫描	分别把 0.0001、0.0002、0.0003mol/L $KMnO_4$ 溶液推入光路，点击工作站上的"开始"按钮依次进行吸收曲线扫描	扫描完第一个溶液需要把第二个溶液推入光路，然后再点"开始"
10	吸收曲线的保存	点击工作站里的"保存"菜单，选择路径保存实验结果	吸收曲线命名时注意不要改变文件扩展名
11	实验结束	实验结束后，要清洗擦干吸收池并把吸收池放入吸收池盒中；关闭紫外-可见分光光度计的开关，关闭工作站，关闭电脑；整理实验台	吸收池外表面的水擦干后，应把吸收池倒扣在滤纸上，控干水分后再装入吸收池盒

不同浓度高锰酸钾溶液吸收曲线的扫描

【实验数据记录及结果处理】

1. 数据记录

该实验紫外-可见分光光度计的型号为_____，比色皿厚_____。

三个不同浓度 $KMnO_4$ 溶液的吸光度分别是_____、_____、_____。

2. 实验结果

制作 $KMnO_4$ 溶液吸收曲线：在坐标纸上，以波长 λ 为横坐标，吸光度 A 为纵坐标，在同一坐标系里绘制三个不同浓度 $KMnO_4$ 溶液 A 和 λ 关系的吸收曲线。从吸收曲线上找出最大吸收波长 λ_{max}，并观察不同浓度 $KMnO_4$ 溶液的 λ_{max} 和吸收曲线的变化规律。

【学习结果评价】

序号	评价内容	评价标准	评价结果（是/否）
1	能准确配制不同浓度的样品溶液	正确使用容量瓶、移液管（或吸量管），溶液配制步骤正确	
2	能正确操作紫外-可见分光光度计	正确使用操作仪器、进行参数设置、进行数据保存	
3	能绘出吸收曲线，并能找出吸收峰、谷	能正确绘出吸收曲线，并理解吸收曲线的意义	

【思考题】

1. 同一波长下不同浓度的 $KMnO_4$ 溶液吸光度 A 的变化有什么规律？为什么？
2. 在同一坐标系中，三种不同浓度的 $KMnO_4$ 溶液吸收曲线之间有什么关系？
3. 吸收曲线在药品质量检测中有何实际应用？

实验能力训练三

标准曲线法测定未知高锰酸钾溶液浓度

【仪器及用具】

紫外-可见分光光度计；容量瓶：1000mL（1个）、100mL（5个）；吸耳球；洗瓶（配蒸馏水）；烧杯（5个）；移液管或吸量管：5mL、3mL、2mL（或者对应规格的移液枪）；滤纸；镜头纸等。

【试剂和药品】

$KMnO_4$ 试剂等。

【实验内容及操作过程】

序号	步骤	操作方法及说明	操作注意事项
1	0.01mol/L $KMnO_4$ 溶液的配制	称取1.58g高锰酸钾对照品，置于烧杯中溶解，定容至1000mL，混匀，该溶液浓度为0.01mol/L	$KMnO_4$ 对照品必须精密称定

续表

序号	步骤	操作方法及说明	操作注意事项
2	1.0×10^{-4}、2.0×10^{-4}、3.0×10^{-4}、4.0×10^{-4}、5.0×10^{-4} mol/L $KMnO_4$ 溶液的配制	用吸量管（或者移液管）移取上述高锰酸钾溶液各 1.00、2.00、3.00、4.00、5.00mL，放入 100mL 容量瓶中，加水稀释至刻度，充分摇匀，即得	定容后容量瓶中凹液面最低处应与刻度线相切
3	开机，仪器自检	打开紫外-可见分光光度计的开关，盖上样品室盖子，仪器进入自检状态	此时吸收池架上不需要放吸收池
4	紫外-可见分光光度计与计算机工作站联机	仪器通过自检后，打开电脑，点击电脑桌面上工作站的图标，点击联机，使紫外-可见分光光度计与计算机工作站联机	有的仪器打开后可以自动与工作站联机
5	清洗并润洗吸收池	先用蒸馏水清洗吸收池，再用待盛放的溶液润洗吸收池	本次实验入射光是紫外线，因此只能用石英吸收池，不能用玻璃吸收池
6	装液	把参比溶液及上述配制的 1.0×10^{-4}、2.0×10^{-4}、3.0×10^{-4}、4.0×10^{-4}、5.0×10^{-4} mol/L $KMnO_4$ 溶液分别装入吸收池中	如果一盒吸收池是四个，要分批装液，可以先装前三个 $KMnO_4$ 溶液，测完后再装剩余的两个。实验参比溶液为蒸馏水
7	含量测定方法选择及参数设置	点击工作站左边工作室中的"标准曲线"，并设置各溶液的浓度、波长等信息参数	请同学们思考：入射光的波长应该为多少？
8	校零	把参比溶液推入光路，点击工作站上的"校零"菜单，进行校零	
9	标准曲线的绘制	分别把 1.0×10^{-4}、2.0×10^{-4}、3.0×10^{-4}、4.0×10^{-4}、5.0×10^{-4} mol/L $KMnO_4$ 溶液依次推入光路，并分别测定各溶液的吸光度，工作站会在 A-c 坐标曲线中依次进行描点、连线作图，绘出标准曲线	借助于工作站标准曲线可以自动绘制
10	标准曲线的保存	点击工作站里的"保存"菜单，选择路径并保存标准曲线	标准曲线命名时注意不要改变文件扩展名
11	调用标准曲线进行含量测定	点击工作站左边工作室中的"定量分析"，在系统弹出的对话框里选择刚才保存的标准曲线，并设置测量样品数等信息	
12	测量待测样品的吸光度	通过测量样品的吸光度，系统会根据标准曲线自动计算待测样品的浓度	
13	实验结束	实验结束后，要清洗擦干吸收池和把吸收池放入吸收池盒中；关闭紫外-可见分光光度计的开关，关闭工作站，关闭电脑；整理实验台	

【实验数据记录及结果处理】

1. 数据记录

该实验紫外-可见分光光度计的型号为_____，吸收池厚_____。

五个不同浓度 $KMnO_4$ 溶液的吸光度分别是_____、_____、_____、_____、_____。

待测高锰酸钾溶液的吸光度的值为_____。

2. 实验结果

制作 $KMnO_4$ 溶液标准曲线：在坐标纸上，以浓度 c 为横坐标，吸光度 A 为纵坐标，绘

制 $KMnO_4$ 溶液的标准曲线。

利用该标准曲线计算待测高锰酸钾溶液的浓度，$c_{样}$=_____。

【学习结果评价】

序号	评价内容	评价标准	评价结果（是/否）
1	能正确操作紫外-可见分光光度计	正确使用操作仪器	
2	能利用仪器绘制出标准曲线	能正确利用工作站进行参数设置、标准曲线绘制、数据保存	
3	能利用标准曲线对未知浓度的溶液进行含量测定	能正确利用标准曲线进行含量测定	

实验能力训练四

维生素 B_1 注射液的含量测定

【仪器及用具】

紫外-可见分光光度计、移液管、量瓶（100mL、200mL、1000mL）、洗瓶（配蒸馏水）、石英吸收池、滤纸、镜头纸等。

【试剂和药品】

维生素 B_1 注射液（规格：2mL：100mg）、浓盐酸等。

【实验内容及操作过程】

《中国药典》（2020版，二部）中维生素 B_1 注射液含量测定内容：精密量取本品适量（约相当于维生素 B_1 50mg），其体积记为 V，置200mL量瓶中，用水稀释至刻度，摇匀，精密量取5mL，置100mL量瓶中，用盐酸溶液（9→1000）稀释至刻度，摇匀，照紫外-可见分光光度法，在246nm的波长处测定吸光度为 A，按 $C_{12}H_{17}ClN_4OS \cdot HCl$ 的吸收系数（$E_{1cm}^{1\%}$）为421计算，即得。《中国药典》规定：含维生素 B_1（$C_{12}H_{17}ClN_4OS \cdot HCl$）应为标示量的93.0%~107.0%。

具体操作过程如下。

序号	步骤	操作方法及说明	操作注意事项
1	（9→1000）盐酸溶液的配制	量取9mL浓盐酸，置于烧杯中加水稀释，转移至1000mL容量瓶中定容至刻度，混匀	所用浓盐酸应为分析纯或者优级纯
2	维生素B_1注射液的第一次稀释	用移液管（或者移液枪）准确移取1.00mL维生素B_1注射液，放入200mL容量瓶中，加水稀释至刻度，充分摇匀，即得	移取维生素B_1注射液的体积是由所用维生素B_1注射液的规格所决定的
3	维生素B_1注射液的第二次稀释	准确移取上述已配制好的溶液5.00mL至100mL容量瓶中，用盐酸溶液（9→1000）稀释至刻度	
4	开机，仪器自检	打开紫外-可见分光光度计的开关，盖上样品室盖子，仪器进入自检状态	此时吸收池架上不需要放吸收池
5	清洗并润洗吸收池	先用蒸馏水清洗吸收池，再用待盛放的溶液润洗吸收池	本次实验入射光是可见光，因此可用玻璃吸收池，也可以用石英吸收池
6	装液	把参比溶液及第二次稀释后的维生素B_1注射液溶液（待测溶液）分别装入吸收池中	参比溶液是9→1000的盐酸溶液
7	设置仪器的相关参数	按仪器上的"GO TO λ"按钮，设置入射光的波长	实验波长为246nm
8	设置测定模式	选择所需要的测量模式	测定模式为"A"
9	校零	先把参比溶液推入光路，按仪器上的"Zero"按钮，进行校零	参比溶液是用来消除溶剂对吸光度的影响
10	测定待测溶液的吸光度	把待测溶液推入光路中，仪器显示器会显示出待测溶液的吸光度A	
11	结果计算	（1）待测溶液中维生素B_1的浓度（g/100mL）为：$c = \dfrac{A}{E_{1cm}^{1\%}}$ （2）原维生素B_1注射液中所含有的维生素B_1的质量（g）为：$m = \dfrac{A}{E_{1cm}^{1\%}} \times \dfrac{200}{5}$ （3）原维生素B_1注射液中所含有的维生素B_1的质量占标示量的比例（%）为：$W = \dfrac{m}{m_{标示}} = \dfrac{m}{0.050} \times 100\%$	按照《中国药典》中关于制剂的规格的定义，系每一个单位制剂中含有主药的重量。实验所用维生素B_1注射液的规格为2mL∶100mg，因此$m_{标示}$ = 50mg=0.050g

【实验数据记录及结果处理】

1. 检验原始记录

_____制药厂检验原始记录

品　名		批　号		批　量	
规　格		来　源			
检验项目		效　期		报告日期	
依据					
结果					
结论					

检验人：　　　　　　　　复核人：

2. 检验报告书

_____制药厂检验报告书

品　名		批　号		批　量	
规　格		来　源			
检验项目		效　期		报告日期	
依　据					
检验项目 【含量测定】	《中国药典》规定：		检验结果：		
结　论					
负责人：		复核人：		检验人：	

【学习结果评价】

序号	评价内容	评价标准	评价结果（是/否）
1	会对样品进行稀释、配制	会正确进行样品稀释、配制、前处理	
2	会操作使用紫外-可见分光光度计	能正确、规范使用紫外-可见分光光度计	
3	会进行结果的计算	能正确利用吸光系数法进行结果计算	

【思考题】

利用你所学过的知识，来解释"具体操作过程表"中结果计算（2）中 $m=\dfrac{A}{E_{1cm}^{1\%}}\times\dfrac{200}{5}$ 的原因。

项目四
红外光谱实用技术

知识目标

（1）熟悉红外光谱产生的条件。
（2）熟悉红外光谱仪的构成及特点。
（3）熟悉重要官能团和化合物的基团频率和特征吸收峰。

技能目标

（1）能根据基团频率判断官能团的存在。
（2）能掌握红外光谱样品处理的方法。
（3）通过分析图谱，能对实际样品进行分析。

素质目标

（1）培养学生使用红外光谱仪的动手操作能力。
（2）培养学生追求实事求是的学风和一丝不苟的探究精神。
（3）提高学生的检验技能，培养学生的药品质量意识。

任务一

认知红外吸收光谱法

任务清单 4-1
认知红外吸收光谱法

名称	任务清单内容
任务情景	学习《中国药典》（2020版，四部，通则0402）红外分光光度法。说出该法的原理是什么
任务分析	红外分光光度法属于光学分析法的一种，该法主要利用物质对红外光的吸收
任务目标	1. 认知红外吸收光谱法 2. 掌握红外吸收光谱法的原理 3. 熟悉重要官能团的基团频率和特征吸收峰
任务实施	1. 红外光谱基础知识 2. 红外吸收光谱法的基本原理 3. 基团频率和特征吸收峰
任务总结	通过完成上述任务，你学到了哪些知识或技能

一、红外吸收光谱基础知识

（一）红外线

红外线（IR），波长介于可见光区和微波区之间，其波长范围为 $0.75 \sim 1000 \mu m$，为非可见光。通常将红外光区划分为三个区域，如表4-1所示。

表4-1 红外光区的划分

区域	波长 $\lambda/\mu m$	波数 σ/cm^{-1}	能级跃迁类型
近红外区	$0.75 \sim 2.5$	$13300 \sim 4000$	分子中 O—H，N—H 及 C—H 键的倍频吸收
中红外区	$2.5 \sim 25$	$4000 \sim 400$	分子中原子的吸收及分子的振动
远红外区	$25 \sim 1000$	$400 \sim 10$	分子骨架振动、转动

（二）红外光谱与红外光谱法

红外吸收光谱是由于分子内振动、转动能级跃迁而产生的。大多数有机化合物的红外吸收都出现在中红外区，中红外区在红外吸收光谱分析中的应用也是最广泛的。红外吸收光谱是物质的分子受到频率连续变化的红外光照射时，吸收了某些特定频率的红外光，发生了分子振动能级和转动能级的跃迁而形成的光谱。利用样品的红外吸收光谱进行定性、定量分析及测定分子结构的方法，称为红外吸收光谱法，也称为红外分光光度法，简称为红外光谱法。

（三）红外吸收光谱的表示方法

红外光谱图是以透光率T(%)为纵坐标，以波数σ(cm^{-1})为横坐标所绘制的曲线，即T-σ曲线。

波数是波长的倒数，常用σ表示，它表示每厘米长光波中波的数目，单位为：cm^{-1}。若波长以μm为单位，则波数与波长的关系是：

$$\sigma = 10^4/\lambda$$

如图4-1所示是二苯基甲烷的红外吸收光谱图，吸收峰向下。

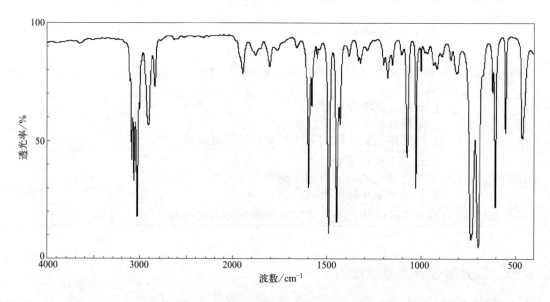

图4-1 二苯基甲烷的红外吸收光谱图

红外光谱图谱复杂，特征性强，信息量大。除光学异构体外，几乎每一种化合物都有自己特定的红外光谱图。通过试样的红外光谱可推测该化合物所含有的基团，从而推断化合物的分子结构。

（四）红外吸收光谱法的特点

物质的红外光谱特征性强，气体、液体、固体样品都可以进行分析，应用范围较广；样品用量少，操作简单，分析速度快，不破坏样品，使用试剂少，不污染环境。该方法主要应用于化合物鉴定和分子结构表征，也可以用于定量分析。该方法的不足之处在于分析灵敏度不高，定量分析误差也比较大。

二、红外吸收光谱法基本原理

（一）分子的振动

双原子分子只有一种振动方式，即沿着键轴方向的伸缩振动；而对于多原子分子，随着原子数目增加，其振动方式则复杂得多，但基本上可以分为两种类型，即伸缩振动和弯曲振动。

（1）伸缩振动：原子沿键轴方向的伸长和缩短，振动时只有键长的变化而无键角的变化。根据振动方向，伸缩振动又可以分为对称伸缩振动（振动时，键角不变，键长同时伸长或缩短）和不对称伸缩振动（振动时，键角不变，键长有的伸长有的缩短）。如图 4-2。

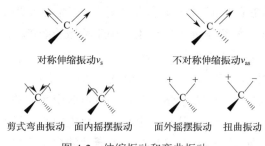

对称伸缩振动 v_s　　　　不对称伸缩振动 v_{as}

剪式弯曲振动　面内摇摆振动　　面外摇摆振动　扭曲振动

图 4-2　伸缩振动和弯曲振动

（2）弯曲振动：又称变形振动或变角振动，是指基团键角发生周期变化而键长不变的振动。弯曲振动根据其振动是否在同一个平面，可以分为面内弯曲振动和面外弯曲振动。

面内弯曲振动又分为剪式弯曲振动和面内摇摆振动。剪式弯曲振动是指原子在振动时类似剪刀的"开"和"关"的振动，该振动剪角变化幅度较大，因此发生该振动所需能量也较大。面内摇摆振动是指分子或基团内的原子同时向同一个方向作周期性的摇摆的振动。该振动键角变化幅度较小，因此所需能量也较小。

面外弯曲振动分为面外摇摆振动和扭曲振动。面外摇摆振动是指两个键同时向面内或同时向面外摆动的振动。该振动形式键角变化幅度较小，因此所吸收的能量也较小。扭曲振动是指两个键一个向面内一个向面外的振动。该振动形式键角变化幅度较大，因此所需的能量也较大。

（二）分子的振动自由度

分子的基本振动数目或独立振动数目称为分子的振动自由度。研究分子的振动自由度，有助于了解化合物的红外光谱吸收峰的数目（峰数）。在分子中，原子的运动方式有三种，即平动（平移）、转动和振动。对于以上三种运动方式，只有振动能级跃迁才能产生中红外光谱，而平动不产生光谱，转动能级跃迁产生远红外光谱，因此，只讨论振动能级跃迁。

在三维空间里，确定一个质点的位置需要 x、y、z 三个坐标来确定，这三个坐标称为三个自由度。一个原子有三个自由度，那么一个分子由 N 个原子组成，该分子总的运动自由度为 $3N$。即分子的运动由平动、转动和振动自由度构成。分子的基本振动数目可以通过振动自由度来计算，即式（4-1）。对于非线性分子，可以绕着三个坐标轴转动，共有三个转动自由度，即非线性分子振动自由度 $f=3N-6$，即式（4-2）；而线性分子，因绕其转轴的转动，没有能量变化，只有两个转动自由度，即线性分子振动自由度 $f=3N-5$，如式（4-3）。

$$\text{分子的振动自由度 } f = \text{运动自由度（}3N\text{）}-\text{平动自由度}-\text{转动自由度} \quad (4-1)$$
$$\text{非线性分子的振动自由度} = \text{运动自由度}-\text{平动自由度}-\text{转动自由度} = 3N-3-3 = 3N-6 \quad (4-2)$$
$$\text{线性分子的振动自由度} = \text{运动自由度}-\text{平动自由度}-\text{转动自由度} = 3N-3-2 = 3N-5 \quad (4-3)$$

【示例 4-1】 求苯分子的振动自由度。

解： 苯分子由六个碳原子和六个氢原子组成，是环状的芳香烃，属于非线性分子。因此苯分子的振动自由度 $f=3N-6=3×12-6=30$

（三）红外吸收光谱产生的两个必要条件

红外吸收光谱并非存在于所有的分子和所有的振动，产生红外吸收光谱必须满足两个条件。

（1）红外辐射能量应刚好等于分子振动能级跃迁所需的能量，即红外辐射的频率要与分子中某基团频率相同时，分子才能吸收红外辐射。

（2）在分子振动过程中，必须有偶极矩的改变。

偶极矩是衡量分子极性大小的物理量，是正、负电荷中心间的距离和电荷中心所带电量的乘积，它是一个矢量，方向规定为从正电中心指向负电中心。只有当分子内的振动引起偶极矩变化时，才能产生红外吸收，该分子称为红外活性的分子；当偶极矩变化为零的分子振动不能产生红外吸收时，称为非红外活性的分子。绝大多数化合物在红外吸收光谱中出现的峰数小于理论上计算的振动数。例如，理论计算得出二氧化碳分子的基本振动数为 4，相对应的红外吸收光谱中应该存在 4 个吸收峰。而在实际的红外光谱图中（图 4-3）却只出现了两个吸收峰（667cm^{-1} 和 2349cm^{-1}）。这是由于出现了简并现象和红外非活性振动。

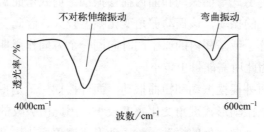

图 4-3　CO_2 分子的红外光谱图

三、基团频率和特征吸收峰

（一）红外吸收峰的类型

1. 基频峰和泛频峰

振动能级从基态跃迁到第一激发态所产生的吸收峰，称为基频峰。一般情况下，从基态跃迁至第一激发态相对容易，发生的概率较大，吸收峰较强，基频峰在红外光谱中属于最重要的一类吸收峰。由基态跃迁到第二、第三激发态所产生的吸收峰，称为倍频峰。通常倍频峰比基频峰稍弱。此外，两种跃迁吸收频率的和或差，称为合频峰或差频峰。倍频峰、合频峰和差频峰统称为泛频峰。泛频峰通常较弱，一般不容易辨识。

2. 特征峰和相关峰

物质的红外光谱是其分子结构的客观反映，谱图中的吸收峰都对应着分子中各基团的振动。官能团或化学键的存在与谱图上吸收峰的出现是相对应的。凡是可用于鉴定官能团存在的吸收峰，称为特征吸收峰，简称为特征峰。

在化合物的红外光谱中由于某个官能团的存在而出现的一组相互依存的特征峰，可互称为相关峰，用于说明这些特征吸收峰具有依存关系，并且可以用于区别于非依存关系的其他特征峰。

用一组相关峰鉴别官能团的存在是个较重要的原则。在有些情况下因与其他峰重叠或峰太弱，并非所有的相关峰都能观测到，但必须找到主要的相关峰才能确认官能团的存在。

（二）红外吸收光谱区域的划分

1. 特征区

基团的特征区划分见表 4-2。

表 4-2 基团的特征区

区域	基团	吸收频率 /cm^{-1}	振动形式	吸收强度	说明
第一区域	—OH（游离）	3650～3580	伸缩	m, sh	判断有无醇类、酚类和有机酸的重要依据
	—OH（缔合）	3400～3200	伸缩	s, b	
	—NH_2，—NH（游离）	3500～3300	伸缩	m	
	—NH_2，—NH（缔合）	3400～3100	伸缩	s, b	
	—SH	2600～2500	伸缩		
	≡C—H（三键）	3300 附近	伸缩	s	
	=C—H（双键）	3040～3010	伸缩	s	末端 =C—H 出现在 3085cm^{-1} 附近
	苯环中 C—H	3030 附近	伸缩	s	强度上比饱和 C—H 稍弱，但谱带较尖锐
	—CH_3	2960±5	反对称伸缩	s	
	—CH_3	2870±10	对称伸缩	s	
	—CH_2	2930±5	反对称伸缩	s	三元环中的 CH_2 出现在 3050cm^{-1}
	—CH_2	2850±10	对称伸缩	s	—C—H 出现在 2890cm^{-1}，很弱
第二区域	—C≡N	2260～2220	伸缩	s 针状	干扰少
	—N≡N	2310～2135	伸缩	m	
	—C≡C—	2260～2100	伸缩	v	
	—C=C=C—	1950 附近	伸缩	v	
第三区域	C=C	1680～1620	伸缩	m, w	
	芳环中 C=C	1600, 1580, 1500, 1450	伸缩	v	苯环的骨架振动
	—C=O	1850～1600	伸缩	s	
	—NO_2	1600～1500	反对称伸缩	s	
	—NO_2	1300～1250	对称伸缩	s	
	S=O	1220～1040	伸缩	s	
第四区域	C—O	1300～1000	伸缩	s	
	C—O—C	1150～900	伸缩	s	

续表

区域	基团	吸收频率/cm^{-1}	振动形式	吸收强度	说明
第四区域	—CH$_3$，—CH$_2$	1460±10	—CH$_3$ 反对称变形，—CH$_2$ 对称变形	m	
	—CH$_3$	1380～1370	对称变形	s	
	—NH$_2$	1650～1560	变形	m，s	
	C—F	1400～1000	伸缩	s	
	C—Cl	800～600	伸缩	s	
	C—Br	600～500	伸缩	s	
	C—I	500～200	伸缩	s	
	=CH$_2$	910～890	面外摇摆	s	
	—(CH$_2$)$_n$—，$n>4$	720	面内摇摆	v	

注：s—强吸收；b—宽吸收带；m—中等强度吸收；w—弱吸收；sh—尖锐吸收峰；v—吸收强度可变。

2. 指纹区

红外光谱指纹区（1300～400cm^{-1}）吸收峰的特征性强，可用于区别不同化合物结构上的细小差异，犹如人的指纹，故称为指纹区。指纹区的红外吸收光谱很复杂，能反映分子结构的细微变化，常见的指纹区如表 4-3 所示。

表 4-3　指纹区

波数/cm^{-1}	基团	振动形式	吸收强度
1300～1000	C—O	伸缩	
1280～1150	C—O—C	伸缩	s
1400～1000	C—F	伸缩	m→s
800～600	C—Cl	伸缩	m→s
970～960	RCH=CRH（反式）	面外弯曲	m→s
770～665	RCH=CRH（顺式）	面外弯曲	m→s
850～800（单峰）	对二取代苯	面外弯曲	m→s
810～780（三个峰）	间二取代苯	面外弯曲	m→s
750（单峰）	邻二取代苯	面外弯曲	m→s
750～700（两个峰）	单取代苯	面外弯曲	

任务 4-1 知识锦囊

任务二

操作和使用红外光谱仪

任务清单 4-2
红外光谱仪的结构及使用

名称	任务清单内容
任务情景	使用红外光谱仪对某未知白色固体进行红外光谱扫描，并对其进行鉴定
任务分析	使用红外光谱仪对物质进行红外光谱扫描
任务目标	1. 熟悉红外光谱仪的结构组成 2. 掌握红外光谱仪的使用
任务实施	1. 红外光谱仪的结构组成 2. 红外光谱仪的分类 3. 红外光谱仪的特点 4. 红外光谱仪的使用
任务总结	通过完成上述任务，你学到了哪些知识或技能

一、红外光谱仪的结构组成

红外光谱仪由光源、单色器、吸收池、检测器和记录器等部分组成。但就其每个组成部分而言，它的结构、所用材料以及性能等均与紫外-可见分光光度计不同。目前，商品红外光谱仪有色散型红外光谱仪和傅里叶变换红外光谱仪（FTIR），如图4-4所示。

图 4-4　傅里叶变换红外光谱仪

（一）光源

红外光谱仪的光源应是能够发射高强度连续红外光的物体。常用的光源有能斯特灯和硅碳棒。

1. 能斯特灯

由锆、钇、铈或钍等氧化物烧结制成的直径为 2mm，长约 30mm 的中空棒，两端绕有铂线作为导体。在室温下不导电；加热到 800℃ 左右成为导体，开始发光。工作温度在 1500℃ 左右，功率为 50～200W。发光强度高，但性脆易碎，机械强度差，受压或受扭易被损坏。

2. 硅碳棒

一般制成两端粗中间细的实心棒，中间为发光部分，直径约 5mm，长 50mm；因两端粗，电阻低，因此其在工作状态时两端呈冷态。工作前不需预热，工作温度大约为 1300℃，功率为 200～400W。硅碳棒的特点是坚固、寿命长、发光面积大，但工作时需用水冷却，以免高温影响仪器部件性能。

（二）单色器

单色器是色散型红外光谱仪的核心部件。早期使用棱镜作色散元件，目前多采用反射型平面衍射光栅。光栅较棱镜分辨能力强，对恒温恒湿设备要求不高。但由于其他级次光谱的干扰，通常在光栅的前面或后面加滤光器或棱镜。

（三）吸收池及样品的制备

试样有气、液、固三种状态。在红外光谱分析中试样的制备占有重要地位。如处理不当，即使仪器性能好也不能得到满意的红外光谱图，因此制样时需注意：①样品的浓度或厚度要选择适当，以测得理想的谱图。②样品中不应含游离水，否则腐蚀吸收池的盐窗；此外，水分本身在红外区有吸收，将使测得的光谱图变形。③样品应为单一组分纯物质，多组分应先分离，否则光谱重叠，致使图谱无法辨认和分析。

由于玻璃、石英对红外线几乎全部吸收，因此吸收池窗口的材料一般为盐类的单晶，如 NaCl、KBr、LiF 或 TlBr-TlI 结晶等。

测定气体样品时用气体池，先把气体池中的空气抽掉，然后吸入被测气体，测绘谱图。测定液体样品时，常用可拆卸的液体池，即将样品滴于两块盐片之间形成液体薄膜（液膜法）进行测谱。液体池和气体池见图 4-5。

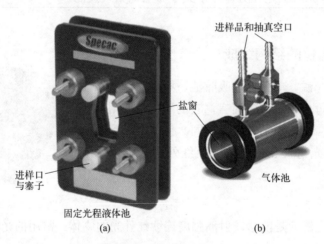

图 4-5　液体池和气体池

固体样品一般常用三种方法制样：①压片法，把 1～2mg 固体样品放在玛瑙研钵中研细，加入 100～200mg 磨细干燥的碱金属卤化物（KBr）粉末，混匀后加入压片模内，在压片机上边抽真空边加压，制成厚度约 1mm、直径约 10mm 的透明片测绘图谱。②糊状法，将固体样品研成细末，与糊剂液体石油蜡混合成糊状，然后夹在两窗片之间测谱。③薄膜法。直接将样品加热熔融成样品涂层薄膜，也可先把样品溶于挥发性溶剂中制成溶液，然后滴在盐片上，待溶剂挥发后，样品在盐片上形成薄膜。该方法既不受溶剂的影响，也没有分散介质的影响。

（四）检测器

红外辐射光源强度弱，光量子能量低，因此电信号输出很小，要求检测器能灵敏地接收红外光，响应快、热容量低，由电子热波动产生的噪声小等。目前常用的检测器有：真空热电偶检测器、热释电检测器和碲镉汞检测器（MCT）。

（五）记录系统

红外光谱仪一般都有自动记录仪记录谱图，现代的仪器都配有计算机和数据处理工作站，以控制仪器的操作和记录与处理谱图中各种参数。

二、红外光谱仪的分类

目前，商品红外光谱仪有色散型红外光谱仪和傅里叶变换红外光谱仪。由于以光栅为色散原件的色散型红外光谱仪在诸多方面已不能满足实际工作需要，本章内容只介绍傅里叶变换红外光谱仪。

傅里叶变换红外光谱仪是20世纪70年代问世的，属于第三代红外光谱仪，它是基于光相干性原理而设计的干涉型红外光谱仪。

傅里叶变换红外光谱仪没有色散元件，主要由光源、干涉仪、检测器、计算机和记录仪等组成。干涉仪将从光源来的信号以干涉图的形式送往计算机进行傅里叶变换的数学处理，最后将干涉图还原成光谱图，如图4-6。

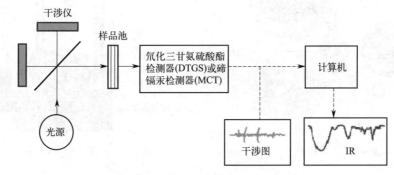

图4-6　傅里叶变换红外光谱仪工作原理

三、红外光谱仪的特点

红外吸收光谱分析法是通过研究物质结构与红外吸收之间的关系，进而实现对未知试样的定性鉴定和定量测定的一种分析方法。红外吸收光谱用吸收峰谱带的位置和强度加以表征，是光谱定性和定量分析的基础。红外吸收光谱有以下几个特点：

（1）每种化合物均有红外吸收，有机化合物的红外光谱能提供丰富的结构信息；

（2）任何气态、液态和固态样品均可进行红外光谱测定，这是其它仪器分析方法难以做到的；

（3）常规红外光谱仪结构简单，价格不贵；

（4）红外光谱测定的样品用量少，测定速度快，仪器操作简便、重现性好。

红外吸收光谱具有高度的特征性，除光学异构外，没有两种化合物的红外光谱完全相同。红外光谱中往往具有几组相关峰可以相互作证而增强了定性和结构分析的可靠性，因此红外光谱有化合物"指纹"之称，是鉴定有机化合物和结构分析的重要工具。

四、红外光谱仪的使用

（一）仪器使用操作过程

1. 开机设定参数

开机、预热30min；开启电脑，运行操作软件，设定适当的操作技术参数（参数的设定要查阅《药品红外光谱集》中的规定参数）。

2. 样品制备

取干燥的样品（这里指固体）与一定比例的溴化钾在玛瑙研钵中研磨均匀后，装入模具，用压片机压成片；同时制备空白片。压片模具与压片机见图4-7和图4-8。

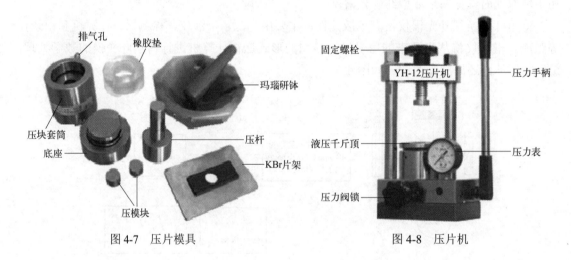

图4-7　压片模具　　　　　　图4-8　压片机

3. 样品扫描测定

首先将空白片放入样品室的光路，再将样品片放入样品室的光路中，分别扫描得到样品谱图。

4. 结果判断

将所得到的红外光吸收图谱与对照品的图谱（或者《药品红外光谱集》中相对应的谱图）比较是否一致。

（二）仪器使用注意事项

（1）红外实验室的温度应控制在15～30℃，相对湿度应小于65%。适当通风换气，以免积累过量的二氧化碳和有机溶剂蒸气，影响实验的准确性。

（2）采用压片法时，应注意以下几点：①所用的溴化钾在中红外区应无明显的干扰吸收，应先研细，过200目筛，并在120℃干燥4h后，装在干燥器中保存备用。②供试品研磨应适度。供试品研磨过细，有时会导致晶格结构破坏；研磨不够细则易引起光散射能量损失，使整个光谱基线倾斜甚至严重变形，通常研磨粒度以 2μm 左右为宜。

（三）仪器的保养维护

红外光谱仪及压片模具维护主要有以下几点：①仪器应保持干燥，配除湿机。②溴化钾对钢制模具表面的腐蚀性很大，模具用后要及时清洗干净，然后放入干燥器中。③压片模具使用时压力不能过大，以免损坏模具。④样品室打开后一定要随时关上，要经常更换红外光谱仪中干燥剂（通常用变色硅胶），保证其充分有效。

任务 4-2
知识锦囊

任务三

应用红外光谱法进行物质鉴别和结构解析

任务清单 4-3
应用红外光谱法进行物质鉴别和结构解析

名称	任务清单内容
任务情景	有一未知白色药片可能是对乙酰氨基酚片，请你用红外光谱技术判断其真实性
任务分析	《中国药典》（2020 版，二部）中，采用红外光谱法进行对乙酰氨基酚片的鉴别： 取本品细粉适量（约相当于对乙酰氨基酚 100mg），加丙酮 10mL，研磨溶解，过滤，滤液水浴蒸干，残渣经减压干燥，依法测定。本品的红外光吸收图谱应与对照的图谱（《药品红外光谱集》131 图）一致
任务目标	1. 掌握重要官能团和化合物的基团频率和特征吸收峰 2. 掌握红外光谱图解析的基本方法
任务实施	1. 已知化合物的定性鉴别 2. 未知化合物的结构分析 3. 定量分析
任务总结	通过完成上述任务，你学到了哪些知识或技能

一、已知化合物的定性鉴别

根据化合物红外光谱的特征吸收峰，确定该化合物含有哪些官能团。

对于有标准对照品的，在得到试样的红外谱图后，与标准对照品的图谱进行对照。如果两幅图中的吸收峰位置和形状完全一样，而且峰的相对强度一样，那么就可以认为该试样是已知物。如果两个图峰的形状有区别或者峰的位置不太一样，则说明这是两种物质，或者试样中含有杂质。

二、未知化合物的结构分析

（1）充分收集试样的相关信息。了解试样的来源及其理化性质。

（2）计算不饱和度 U：

$$U=1+n_4+\frac{n_3-n_1}{2}$$

式中，n_1，n_3，n_4 分别代表一价原子（如 H），三价原子（如 N），四价原子（如 C）的个数。注：二价原子（如 O）不参与计算。

例如：

CH_3CH_3	C_2H_6	$U=1+2+\frac{0-6}{2}=0$
$CH_2=CH_2$	C_2H_4	$U=1+2+\frac{0-4}{2}=1$
$CH\equiv CH$	C_2H_2	$U=1+2+\frac{0-2}{2}=2$
苯环	C_6H_6	$U=1+6+\frac{0-6}{2}=4$

由以上化合物可归纳结论：

$U=0$ 时，表示该分子是饱和的；

$U=1$ 时，表示该分子可能含有一个双键或脂环；

$U=2$ 时，表示该分子可能含有一个三键或两个双键或两个脂环；

$U=4$ 时，表示该分子可能含有一个苯环。

（3）图谱解析一般规律。图谱解析的一般规律可以简称为"四先、四后、相关法"。即按照先特征区，后指纹区；先最强峰，后次强峰；先粗查，后细找；先否定，后肯定；并且由一组相关峰来确定一个官能团的存在。

三、定量分析

红外光谱定量分析时，由于准确度低、重现性差，一般不用。

【**示例 4-2**】某化合物的分子式是 $C_7H_6O_2$，红外谱图如图 4-9，试推测该化合物的结构。

解：（1）计算不饱和度

$$U=1+n_4+\frac{n_3-n_1}{2}=1+7+\frac{0-6}{2}=5$$

$U=5>4$，可能含有苯环。

（2）各峰归属

基频峰的频率 /cm^{-1}	结构单元	基频峰的频率 /cm^{-1}	结构单元
3073、3012	苯中 C—H	708、667	单取代苯 C—H
1603、1585、1464	苯环骨架	3100～2500	羧酸的 O—H
1689	—C=O		

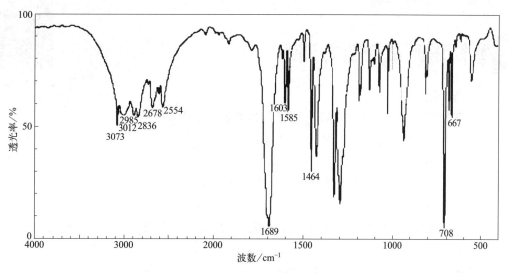

图 4-9 $C_7H_6O_2$ 的红外谱图

因此，该化合物为苯甲酸。

【示例 4-3】某化合物的分子式是 C_8H_{10}，红外谱图如图 4-10，试推测该化合物的结构。

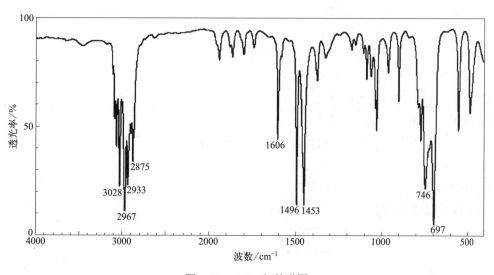

图 4-10 C_8H_{10} 红外谱图

解：（1）计算不饱和度

$$U=1+n_4+\frac{n_3-n_1}{2}=1+8+\frac{0-10}{2}=4$$

$U=4$，可能含有苯环。

（2）各峰归属

基频峰的频率 /cm^{-1}	结构单元	基频峰的频率 /cm^{-1}	结构单元
2967	—CH$_3$	1606、1496、1453	苯环骨架
2933	—CH$_2$	697、746	苯环中 C—H

因此，该化合物是乙基苯。

知识测试与能力训练

一、选择题

1. 电磁辐射按其波长可分为不同区域，其中中红外波长区是（　　）。

   A. 13158～4000cm^{-1}　　　B. 4000～200cm^{-1}

   C. 200～10cm^{-1}　　　D. 33～10cm^{-1}

2. Cl_2 分子在红外光谱图上基频吸收峰的数目为（　　）。

   A. 0　　　　　　B. 1　　　　　　C. 2　　　　　　D. 3

3. 一个含氧化合物的红外光谱图在 3600～3200cm^{-1} 有吸收峰，下列化合物最可能的是（　　）。

   A. CH_3—CHO　　　B. CH_3—CO—CH_3

   C. CH_3—CHOH—CH_3　　　D. CH_3—O—CH_2—CH_3

4. 以下四种气体不吸收红外光的是（　　）。

   A. H_2O　　　　　　B. CO_2

   C. HCl　　　　　　D. N_2

5. 红外吸收光谱的产生是由于（　　）。

   A. 分子外层电子、振动、转动能级的跃迁

   B. 原子外层电子、振动、转动能级的跃迁

   C. 分子振动、转动能级的跃迁

   D. 分子外层电子的能级跃迁

6. 由一个官能团所产生的一组相互依存的特征峰称为（　　）。

   A. 基频峰　　　　　　B. 特征峰

   C. 合频峰　　　　　　D. 相关峰

7. 用红外吸收光谱法测定有机物结构时试样应该是（　　）。

   A. 单质　　　　　　B. 纯物质

   C. 混合物　　　　　　D. 任何试样

二、简答题

1. 红外光谱定性分析的基本依据是什么？简要叙述红外定性分析的过程。

2. 产生红外吸收的条件是什么？是否所有的分子振动都会产生红外吸收光谱？为什么？

3. 何谓基团频率？它有什么重要用途？

4. 计算分子式为 C_6H_6NCl 的不饱和度。

5. 某未知化合物的分子式为 C_6H_5ClO，测得其红外光谱如图 4-11 所示。试通过光谱解析推断分子结构。

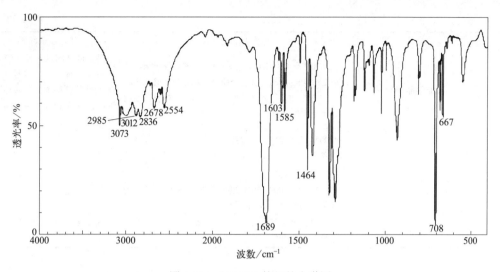

图 4-11 C_6H_5ClO 的红外光谱图

实验能力训练五

阿司匹林原料药的鉴定

【仪器及用具】

红外光谱仪、电子天平、药匙、玛瑙研钵等。

【试剂和药品】

(1) 溴化钾（光谱纯）。KBr 晶体是红外光谱测试波段最透明（即没有吸收峰、有一个小吸收峰但强度很小）的材料之一，价格便宜易得，不易潮解，具有一定的机械强用度，适宜于加工成窗片。

(2) 阿司匹林（原料药）。

【实验内容及操作过程】

序号	步骤	操作方法及说明	操作注意事项
1	准备	实验前检查实验室温湿度、电源等工作环境	红外实验室的温度应该控制在 15～30℃，相对湿度应该小于 65%，电压应稳定
2	开机	打开红外光谱仪，预热 30min；打开电脑主机，打开工作站	先打开仪器后打开电脑

续表

序号	步骤	操作方法及说明	操作注意事项
3	KBr样品制备	先取0.2～0.4g KBr，在玛瑙研钵中充分研细，然后取2～4mg阿司匹林充分研磨。将充分研磨的样品和KBr混合粉末倒入样品框架中，用药匙柄将药品调节铺平后用压片机压成片。并制备空白对照片	阿司匹林的量占KBr的1%；注意倒入样品时，尽量不要散落到模具侧壁上；压片应呈透明状，厚度1mm左右，并且样品均匀
4	样品测定	设置适当的操作技术参数，先将空白样放入样品室的光路中，再将样品放入，分别进行扫描得到相应的谱图	先测空白样，后测样品
5	结果判定	将样品扫描得到的谱图和对照的谱图（《药品红外光谱集》5图）比较，谱图一致即为该样品	
6	关机清场	移走样品并进行清理；关闭工作站，关闭红外光谱仪主机及电脑电源，盖上防尘罩	关机顺序为工作站、仪器、电脑，不能颠倒

【实验数据记录及结果处理】

1. 检验原始记录

_____制药厂检验原始记录

品名		批号		批量	
规格		来源			
检验项目		效期		报告日期	
依据					
结果					
结论					

检验人：　　　　　复核人：

2. 检验报告书

_____制药厂检验报告书

品名		批号		批量	
规格		来源			
检验项目		效期		报告日期	
依据					
检验项目【鉴别检验】	《中国药典》规定：		检验结果：		
结论					

负责人：　　　复核人：　　　检验人：

【学习结果评价】

序号	评价内容	评价标准	评价结果（是/否）
1	会对样品进行压片制备	会正确地按照比例进行样品研磨，装入模具	

序号	评价内容	评价标准	评价结果(是/否)
2	会操作使用红外分光光度计	能正确、规范使用红外分光光度计	
3	会进行结果的判定	能正确比对谱图	

【思考题】

1. 压片法制样应注意什么？
2. 测定红外吸收光谱时对样品有什么要求？
3. 解析阿司匹林的红外光谱图。

项目五
原子吸收光谱技术

知识目标

（1）了解原子吸收光谱的定义。
（2）熟悉原子吸收分光光度计结构及测定原理。
（3）熟悉原子吸收光谱法（又称原子吸收分光光度法）的样品处理等操作技术。
（4）掌握原子吸收光谱法的定量分析方法。

技能目标

（1）熟悉原子吸收分光光度计的操作方法。
（2）熟悉标准加入法、标准曲线法在实际分析检测中的应用。
（3）熟悉原子吸收分光光度计的保养方法及简单故障维修技术。

素质目标

（1）培养学生正确配制标准溶液和处理试样的能力。
（2）培养学生对原子吸收分光光度计的动手操作能力。
（3）培养学生利用原子吸收光谱法对样品进行定性和定量的分析检测能力。
（4）培养学生对原子吸收分光光度计进行保养、维护和简单故障维修能力。
（5）培养学生规范意识、实事求是和精益求精的实验作风。

任务一

认知原子吸收光谱法

任务清单 5-1
认知原子吸收光谱法

名称	任务清单内容
任务情景	查阅《中国药典》（2020版，一部）中关于白芍的重金属检测的方法；学习《中国药典》（2020版，四部，通则0406）原子吸收分光光度法，并思考该法主要用途及主要原理
任务分析	原子吸收分光光度法属于光学分析法的一种，主要测定金属元素的含量
任务目标	认知原子吸收光谱技术，掌握原子吸收光谱技术的原理
任务实施	1. 原子吸收光谱法的定义及发展 2. 原子吸收光谱法与紫外-可见分光光度法的异同及优缺点 3. 原子吸收光谱的产生 4. 原子吸收光谱法的基本原理
任务总结	通过完成上述任务，你学到了哪些知识或技能

一、原子吸收光谱法的定义及发展

原子吸收光谱法（AAS）是20世纪50年代中期建立并逐渐发展起来的一种新型仪器分析方法，又称原子吸收分光光度法。所谓原子吸收是指气态的基态原子对于同种原子发射出来的特征光谱辐射具有吸收能力的现象。当辐射投射到原子蒸气上时，如果辐射波长相应的能量等于原子由基态跃迁到激发态所需要的能量时，就会引起原子对辐射的吸收，产生吸收光谱，通过测量气态原子对特征波长（或频率）的吸收，便可获得有关组成和含量的信息。

二、原子吸收光谱法与紫外-可见分光光度法的异同及优缺点

原子吸收光谱通常出现在可见光区和紫外区，其与紫外-可见分光光度法有相似点，也有不同点，见表5-1。

表 5-1 原子吸收光谱法与紫外-可见分光光度法的异同

检测方法	相似点			不同点		
	光谱范畴	工作波段/nm	仪器部件构成	光谱类别	光源	检测流程
紫外-可见分光光度法	吸收光谱	190～900	光源、单色器、吸收池、检测器	分子吸收带状光谱	连续光源（钨灯、氘灯）	光源—单色器—吸收池—检测器
原子吸收光谱法	吸收光谱	190～900	锐线光源、单色器、原子化器、检测器	原子吸收线状光谱	锐线光源（空心阴极灯）	锐线光源—原子化器—单色器—检测器

原子吸收光谱分析能在短短的几十年中迅速成为分析实验室的有力武器，是因为它具有检测限低、灵敏度高、精密度高、选择性好、操作简便、分析速度快、应用广泛等优点。但是，其也具有很多局限性：分析不同的元素需要更换光源，虽然有多元素灯，但在使用过程中还是存在不少问题；多数元素分析线位于紫外波段，其强度弱，给测量带来一些困难；校准曲线范围窄，通常为一个数量级；存在背景吸收时比较麻烦，要正确扣除等。

三、原子吸收光谱的产生

一个原子可具有多种能态，在正常状态下，原子处在最低能态，这个能态称为基态。基态原子受到外界能量激发，其外层电子可跃迁到不同的能态，这就出现了不同的激发态。电子从基态跃迁到能量最低的激发态（称为第一激发态）时要吸收一定频率的辐射，它再跃回基态时，则发射出同样频率的辐射，对应的谱线称为共振发射线，简称共振线。电子从基态跃迁至第一激发态所产生的吸收谱线称为共振吸收线，也简称共振线（如图5-1所示）。

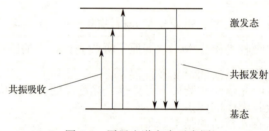

图 5-1　原子光谱产生示意图

各种元素的共振线因其原子结构不同而各有其特征性，其中从基态到第一激发态的跃迁最容易发生，因此对于大多数元素来说，所有谱线中最灵敏的谱线就是共振线。原子吸收光谱就是基态的待测原子蒸气对共振线的吸收程度。

四、基态原子与待测元素含量的关系

在通常的火焰和石墨炉原子化器的原子化温度高约3000K的条件下，处于激发态的原子数是很少的，与基态原子数 N_0 相比，可以忽略不计。除了强烈电离的碱金属和碱土金属元素之外，实际上可以将基态原子数 N_0 视为等于总原子数 N，在一定的原子吸收测定条件下，原子蒸气中基态原子数近似等于总原子数。

五、原子吸收光谱法的基本原理

1. 原子吸收光谱轮廓

原子吸收光谱线并不是严格几何意义上的线，而是占据有限的相当窄的频率或波长范围，即有一定的宽度。原子吸收光谱的轮廓就是指谱线强度按照频率有一定的分布值。

一束频率为 ν、强度为 I_0 的光通过厚度为 L 的原子蒸气时，部分光被吸收，部分光被透过，透过光的强度 I_ν 服从吸收定律：

$$I_\nu = I_0 \times 10^{-K_\nu L} \tag{5-1}$$

式中，K_ν 是基态原子对频率为 ν 的光的吸收系数。不同元素的原子吸收不同频率的光，

通过光强度对吸收光频率作图（如图 5-2 所示），从图中可以看出，在频率 v_0 处透过光强度最小，即吸收最大。

如果将吸收系数 K 对频率 v 作图，可得吸收曲线轮廓图，也就是原子吸收光谱轮廓图（如图 5-3 所示）。曲线极大值对应的频率 v_0 称为中心频率，其数值决定于原子跃迁能级间的能量差。中心频率处的 K_0 称为峰值吸收系数。半宽度是中心频率的位置，吸收系数极大值 K_0 一半处，谱线轮廓上两点之间频率或波长的距离。谱线轮廓可用半宽和中心频率来描述，谱线变宽效应可用 Δv 和 K_0 的变化来描述。

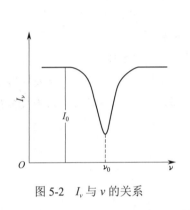 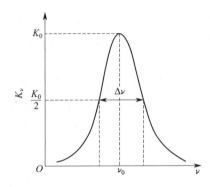

图 5-2　I_v 与 v 的关系　　　　图 5-3　原子吸收光谱轮廓图

原子吸收光谱线宽度主要受原子性质和外界两方面的影响。下面简要讨论几种较重要的变宽因素。

（1）自然宽度。没有外界影响，谱线仍有一定的宽度就称为自然宽度。它与激发态原子的平均寿命有关，平均寿命越长，谱线宽度越窄。不同谱线有不同的自然宽度，多数情况下约为 10^{-5} nm 数量级。

（2）多普勒变宽。由于辐射原子处于无规则的热运动状态，因此，辐射原子可以看作运动的波源。这一不规则的热运动与观测器两者间形成相对位移运动，从而发生多普勒效应，使谱线变宽。这种谱线的所谓多普勒（Doppler）变宽，是由于热运动产生的，所以又称热变宽，一般可达 10^{-3} nm，是谱线变宽的主要因素。

（3）压力变宽。压力变宽又称为碰撞变宽，是由于气体压力的存在而引起原子间的相互碰撞，碰撞的结果导致激发态原子的寿命缩短，谱线变宽。压力变宽通常随压力增大而增大。在压力变宽中，凡是同种粒子碰撞引起的变宽叫 Holtsmark（霍尔兹马克）变宽；凡是由异种粒子引起的变宽叫 Lorentz（洛伦兹）变宽。

（4）自吸变宽。光源辐射共振线被光源周围较冷的同种原子所吸收的现象称为"自吸"，严重的谱线自吸收就是谱线的"自蚀"，自吸现象使得谱线强度降低，同时导致谱线轮廓变宽。自吸变宽的原因是在谱线中心波长处自吸最强，两翼的自吸较弱，使中心波长处辐射强度相对有较大的降低。这样，从谱线半宽的定义来看，就好像谱线变宽了，其实自吸现象并没有引起谱线频率的改变，所以自吸变宽不是真正的谱线变宽。

研究结果表明，当使用火焰原子化法时，Lorentz（洛伦兹）变宽是主要的，其他因素次要。当采用真空或者低压炉原子化法时，则 Doppler（多普勒）变宽占主要地位。

2. 原子吸收光谱的测量

（1）积分吸收。在原子吸收分析中，吸收介质是气态自由原子（基态原子），若吸收池固定，吸收值与基态原子的浓度成正比，这就是原子吸收分析的定量基础。

在吸收线轮廓内，吸收系数的积分 $\int K_\nu d_\nu$ 被称为积分吸收系数，简称为积分吸收，它表示吸收的全部能量。理论证明，积分吸收与原子蒸气中吸收辐射的原子数有着严格的定量关系，如果能够测定出积分吸收值，即可求得待测元素的含量。然而由于原子吸收谱线宽度很小，要测定一条半宽度为千分之几纳米的吸收线轮廓以求出它的积分吸收，要求单色器的分辨率在 5×10^5 以上，这是难以做到的。因此，这种直接计算法尚不能使用。

（2）峰值吸收。1955年，沃尔什指出在温度不太高的稳定火焰条件下，峰值吸收系数与火焰中待测元素的原子浓度存在线性关系。因此目前一般采用测量峰值吸收系数来代替测量积分系数。如果采用发射线半宽度比吸收线半宽度小得多的锐线光源，并且发射线的中心与吸收线中心一致，这样就不需要采用高分辨率的单色器，而只要将其与其它谱线分离，就能测出峰值吸收系数。而峰值吸收系数与原子浓度也有定量关系（如图5-4所示），因此，只要测出 K_0 即可得出 N_0。

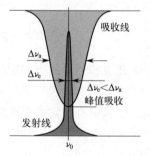

图 5-4　峰值吸收测定示意图

（3）实际测量。在实际工作中，对于原子吸收值的测量，是以一定光强的单色光 I_0 通过原子蒸气，然后测出被吸收后的光强 I，此吸收过程符合朗伯-比尔定律，即：

$$I=I_0 e^{-K_\nu NL} \tag{5-2}$$

式中，I_0 是入射辐射强度；I 是透过原子吸收层后的辐射强度；L 是原子吸收层的厚度；K_ν 是对频率为 ν 的光的辐射吸收系数。

于是吸光度 A 可表示为：

$$A=\lg\frac{I_0}{I}=K_\nu L\lg e=0.4343K_\nu L \tag{5-3}$$

根据沃尔什理论，峰值吸收系数与基态原子数成正比，$K_0=k_1 N_0$，而 N_0 视为等于总原子数 N。而原子总数又与被测元素溶液的浓度呈正比，即 $K_0=k_1 k_2 c$，综合上述可得：

$$A=Kc \tag{5-4}$$

式中，k_1、k_2、K 均是比例常数。式（5-4）表明，吸光度与试样中待测元素的浓度成正比，这就是原子吸收光谱法定量分析的基本关系式。

任务二

操作和使用原子吸收分光光度计

任务清单 5-2
操作和使用原子吸收分光光度计

名称	任务清单内容
任务情景	请你使用原子吸收分光光度法测定某饮片厂生产的白芍饮片中各重金属含量是否符合《中国药典》规定
任务分析	《中国药典》(2020版，一部)药材和饮片中检查白芍中的重金属及有害元素：照铅、镉、砷、汞、铜测定法（通则 2321 原子吸收分光光度法）测定，铅不得过 5mg/kg、镉不得过 1mg/kg、砷不得过 2mg/kg、汞不得过 0.2mg/kg、铜不得过 20mg/kg
任务目标	1. 熟悉原子吸收分光光度计的结构组成 2. 了解原子吸收分光光度计的分类 3. 熟悉火焰原子化器的结构及火焰类型 4. 熟悉石墨炉原子化器的原子化阶段 5. 掌握原子吸收分光光度计的使用 6. 熟悉原子吸收分光光度计的维护方法
任务实施	1. 原子吸收分光光度计的结构 2. 原子吸收分光光度计的使用
任务总结	通过完成上述任务，你学到了哪些知识或技能

一、原子吸收分光光度计的结构

原子吸收分光光度计由光源、原子化器、分光系统、检测系统等几部分组成，其基本结构如图 5-5 所示。

下面分别介绍光源、原子化器、分光系统、检测系统这四个部分。

（一）光源

光源的作用是发射被测元素的特征共振辐射。最常见的光源有空心阴极灯和无极放电灯，其他光源还有蒸气放电灯、高频放电灯以及激光光源灯。这里主要介绍空心阴极灯。

空心阴极灯又称元素灯，包括一个由被测元素材料制成的空心阴极和一个由钛、锆、钽或其他材料制作的阳极（结构如图 5-6 所示）。阴极和阳极封闭在带有光学窗口的硬质玻璃管内，管内充有压强为 $2\sim 10$ mmHg（1mmHg=133.322Pa）的惰性气体氖或者氩，其作用是产生离子撞击阴极，使阴极材料发光。

在一定的工作条件下，阴极纯金属表面原子产生溅射和激发并发射出待测元素的特征锐线光谱。若阴极材料只含有一种元素，则为单元素灯，只能用于一种元素的测定；若阴极材料含有多种元素，则可制得多元素灯用于多种元素的测定。

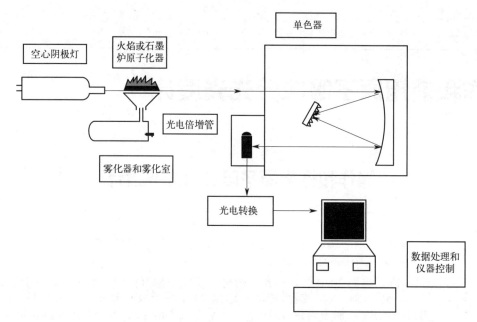

图 5-5 原子吸收分光光度计基本结构示意图

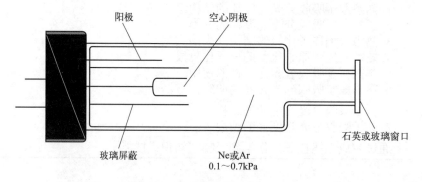

图 5-6 空心阴极灯结构和外形

目前,国内生产的空心阴极灯可测 60 余种元素。实际工作中希望能用一种空心阴极灯测定多种元素,免去换灯的麻烦,减少遇热消耗的时间,还能降低原子吸收分析技术的成本。现已应用的多元素灯,一灯最多能测 6~7 种元素。使用多元素灯易产生干扰,使用前应先检查测定的波长附近有无单色器不能分开的非待测元素的谱线。

(二)原子化器

原子化器的作用是将试样中待测元素变成基态原子蒸气。

1. 原子化器的要求

样品的原子化是原子吸收光谱分析的一个关键步骤,元素测定的灵敏度、准确性以及干扰情况,在很大程度上取决于原子化的情况。

2. 原子化器的分类

常用的原子化器有火焰原子化器和无火焰原子化器两类。

(1)火焰原子化器。火焰原子化器主要应用于原子吸收光谱和原子荧光光谱。火焰原子化过程包括两个阶段,首先将试样溶液变成细小的雾滴——雾化阶段,然后使小雾滴接受火焰供给的能量形成基态原子——原子化阶段。

火焰原子化器由雾化器、雾化室、燃烧器三个部分组成,其结构如图 5-7 所示。

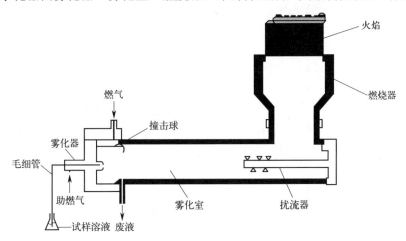

图 5-7　火焰原子化器结构示意图

雾化器的作用是使试样溶液雾化。对雾化器的要求是雾化效率高、雾滴细、喷雾稳定。

雾化室的作用是使试液进一步雾化并与燃气均匀混合,以获得稳定的层流火焰。

燃烧器的作用是产生火焰并使试样原子化。目前主要使用预混合型燃烧器,能使试样、燃气和助燃气在进入火焰之前预先混合均匀。其优点是原子化程度高、火焰稳定、吸收光程长、噪声小,改善了分析的检测限。但是应该指出,在使用预混合燃烧器时回火的危险总是存在,必须正确操作以保证安全。

通常采用乙炔、丙烷、氢气为燃气,以空气、氧化亚氮、氧气作为助燃气。基于安全考虑,气体的存储和使用需特别注意,尤其是乙炔气体。

乙炔钢瓶:乙炔在丙酮中具有高度溶解性(在 1100kPa 下的容量比为 300∶1),可溶于丙酮中使用。乙炔钢瓶内充填多孔材料,以容留丙酮。使用时该钢瓶始终保持垂直位置,以尽量减少液态丙酮流入燃气通道。

使用乙炔应注意安全,燃气钢瓶与乙炔发生器附近不可以有明火。燃气管路上最好安装快速开关。目前均用流量计带针形阀作为开关,这种开关关不紧,有余气时常常容易逸漏造成事故。若没有快速开关,应该在做完实验后将发生器内的余气烧掉。

除了乙炔钢瓶,乙炔管道内的乙炔气体压力也需注意。通常乙炔管道内的压力不得高于 100kPa,否则乙炔即会自发分解或爆炸,乙炔与铜可发生反应而形成易爆化合物,故不得使用铜质管道及其配件。

(2)无火焰原子化器。无火焰原子化器也称电热原子化器,应用这种装置可提高试样的原子化效率和试样的利用率,测定灵敏度可提高 10～200 倍。无火焰原子化器相较于火焰原子化器,具有样品用量少、能直接分析固体样品的优点。无火焰原子化器有多种类型,如石墨炉原子化器、电热高温石墨管、碳棒原子化器等,这里主要介绍石墨炉原子化器。

石墨炉原子化器也称石墨管原子化器,是使用最普遍的一种原子化器,其实质就是一个石墨电阻加热器。

① 石墨炉原子化器结构。石墨炉原子化器使用的石墨管有普通石墨管、金属碳化物涂层石墨管、热解石墨涂层管、内层衬以某些金属片的石墨管等。常用的石墨管内径不超过 8mm、长为 30mm 左右，管的中央上方开有进样口，以便用微量进样器将试样注入石墨管内（如图 5-8 所示）。

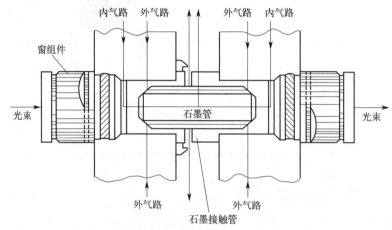

图 5-8 石墨炉原子化器结构示意图

样品在石墨管内原子化。光源发出的光从石墨管的中间通过。在测定时先用小电流在 100℃ 左右进行干燥，再在适当温度下灰化，最后加热到原子化温度。用大电流（250～500A，10～25V）加热石墨管，最高温度可达 3300K。为防止试样及石墨管氧化，需通氩气加以保护。

② 石墨炉原子化器的原子化过程。石墨炉原子化器的原子化过程采用直接进样和程序升温方式，样品需经干燥—灰化—原子化—净化四个阶段。

干燥阶段：干燥温度一般高于溶剂的沸点；干燥时间主要取决于样品体积。干燥的目的主要是除去试样中的溶剂，以免由于溶剂存在而引起灰化和原子化过程飞溅。

灰化阶段：灰化阶段的目的是尽可能除去试样中挥发的基体和有机物，保留被测元素。灰化温度取决于试样的基体及被测元素的性质，最高灰化温度以不使被测元素挥发为准。

原子化阶段：目的是使待测元素的化合物蒸发气化，然后解离为基态原子。原子化温度随待测元素而异，原子化时间为 3～10s。最佳原子化温度和时间可通过实验确定。在原子化过程中，应停止氩气通过，以延长原子在石墨炉中的停留时间。

净化阶段：在一个样品测定结束后，用比原子化阶段稍高的温度加热，以除去样品残渣，净化石墨炉，消除记忆效应，以便下一个试样的分析。

③ 石墨炉原子化器的优缺点。石墨炉原子化器的优点是原子化效率高、绝对灵敏度高；其绝对检测限可达 10^{-12}～10^{-14}g；进样量少，通常液体试样为 1～50μL，固体试样为 0.1～10mg；固体、液体均可直接进样；可分析元素范围广。

（3）化学原子化法。应用化学反应进行原子化也是常用的方法，又称低温原子化法。指的是使用化学反应的方法，将样品溶液中的待测元素以气态原子或化合物的形式与反应液分离，引入分析区进行原子光谱测定。常用的有汞低温原子化法及氢化物原子化法。

① 汞低温原子化法：汞是唯一可采用这种方法测定的元素。因为汞的沸点低，常温下蒸

气压高,可先对试样进行化学预处理还原出汞原子(如将试液用 $SnCl_2$ 还原成汞),然后由载气将汞蒸气送入吸收池内测定。

② 氢化物原子化法:适用于 Ge、Sn、Pb、As、Sb、Bi、Se 和 Te 等元素的测定。这些元素在酸性条件下的还原反应中形成极易挥发与分解的氢化物,如 AsH_3、SnH_4、BiH_3 等,然后经载气送入石英管中进行原子化与测定。

(三)分光系统

原子吸收分光光度计的分光系统是指单色器。单色器是用于从光源的复合光中分离出被测元素的分析线的部件。早期的单色器用棱镜分光,现代光谱计一般都用光栅分光,它具有色散率均匀、分辨率高等特点。在原子吸收分光光度法中,元素灯所发射的光谱,除了含有待测原子的共振线外,还包含有待测原子的其他谱线、元素灯填充气体发射的谱线、灯内杂质气体发射的分子光谱和其他杂质谱线等。原子吸收分光光度计的分光系统位于原子化器的后面,作用就是要把待测元素的共振线和其他谱线分开,以便进行测定。

(四)检测系统

检测系统由检测器、放大器和显示装置等组成。检测器一般采用光电倍增管,其作用是将经过原子蒸气吸收和单色器分光后的微弱光信号转换为电信号。放大器是将检测器检出的低电流信号进一步放大的装置,经放大器放大的电信号,再通过对数变换器,就可以分别采用表头、检流计、数字显示器或记录仪、打印机等进行读数。

二、原子吸收分光光度计的分类

原子吸收分光光度计的类型有单光束和双光束两类,按照波道数目又有单道、双道和多道之分。目前普遍使用的是单道单光束、单道双光束原子吸收分光光度计这两种类型。

(一)单道单光束型

由空心阴极灯发出的待测元素的特征谱线,经过原子吸收后,进入单色器,经过分光,再照射到检测器,光信号经转换放大,最后在读数装置上显示出来。单道单光束原子吸收分光光度计原理示意见图 5-9。

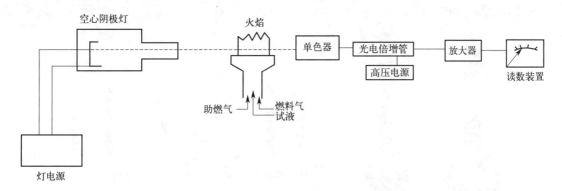

图 5-9 单道单光束原子吸收分光光度计

单道单光束原子吸收分光光度计的优点是:结构简单,灵敏度高。其局限性是不能消除光源波动,基线漂移;使用时需预热光源,测量时需校正零点。

（二）单道双光束型

先用切光器或旋转反射镜将来自空心阴极灯的光束分为两束，其中一束为试验光束，通过原子化器，由于被基态原子吸收而减弱；另一束为参比光束，不通过原子化器，强度不变。再用半透明反射镜将两束光合成一束光，经过分光系统后进入检测器，经过电子线路处理，由两光束间的差异就可以判断样品中待测元素的含量。单道双光束原子吸收分光光度计基本构造示意图如图 5-10 所示。

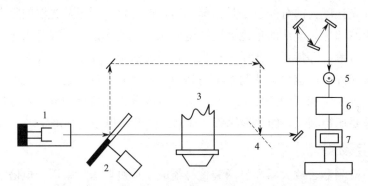

图 5-10　单道双光束原子吸收分光光度计基本构造示意图

1—空心阴极灯；2—切光器；3—火焰；4—半透明反射镜；5—光电倍增管；6—同步放大器；7—读数装置

单道双光束原子吸收分光光度计的优点是：消除了光源波动造成的影响，空心阴极灯不需要预热。缺点是参比光束没有通过火焰，不能抵消火焰波动带来的影响。

三、原子吸收分光光度计的使用

原子吸收分光光度计随着仪器的厂家不同和型号不同，使用方法略有不同。下面以 TAS-990 原子吸收分光光度计为例介绍该仪器的使用方法。

原子吸收分光光度计的使用

1. 准备工作

（1）在使用原子吸收分光光度计之前，需先配制好标准溶液及样品溶液（如图 5-11 所示）。

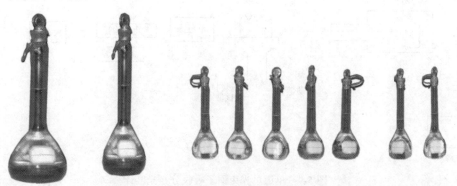

图 5-11　配制好的部分标准溶液和样品溶液

（2）安装空心阴极灯。选择与测量元素相同的空心阴极灯对准灯位适配插入（如图 5-12

所示），具体步骤如下：

①将元素灯灯脚的凸出部分对准灯座的凹槽插入；

②将元素灯装入灯室，记住灯位编号；

③拧紧灯座固定螺丝；

④盖好灯室门。

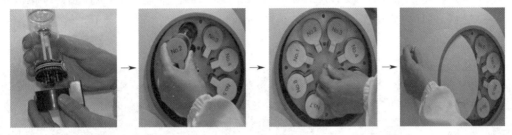

图 5-12　空心阴极灯的安装顺序图

（3）检查废液排放管、打开排风（如图 5-13 所示），具体步骤如下：

①向排水安全槽内倒入少量水至有水从排水管内流出；

②按下排风开关"ON"打开排风；

③排风口有风排出。

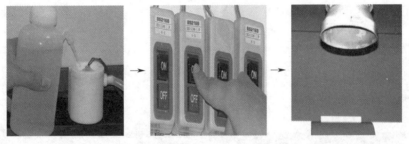

图 5-13　检查废液排放和排风

2. 开机

（1）打开稳压器电源。为保证仪器的供电稳定，配备并打开稳压电源（如图 5-14 所示），具体步骤如下：

图 5-14　打开稳压电源　　　　　　　　图 5-15　打开仪器主机电源

① 轻按稳压电源后面板的开关；
② 工作灯亮，电压显示 220V 即可。
（2）开启主机电源（如图 5-15 所示）、计算机、打印机。

3. 打开电脑工作站

TAS-990 原子吸收分光光度计配备了计算机系统，具有专用的操作工作站。开机后双击"AAWin V2.1"图标，启动工作站（如图 5-16 所示）。

工作站启动后进行软件自检（如图 5-17 所示）。

图 5-16　启动电脑工作站　　　　　图 5-17　软件自检画面

4. 条件设置及仪器调节

（1）空心阴极灯的选择（以铜灯为例）、预热（如图 5-18 所示）。
（2）设置参数条件，如图 5-19 所示。

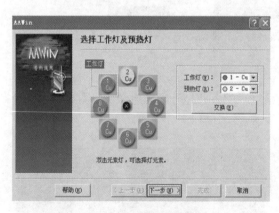

图 5-18　选择工作灯及预热灯　　　　图 5-19　设置元素测量参数

（3）设置波长（寻峰），如图 5-20 所示。
（4）当能量在 100% 左右时，点击"关闭→下一步→完成"。
（5）出现数据分析与处理界面。
（6）点击"参数"：进入测量参数对话框，设置参数。
（7）点击"样品"：进入样品设置向导，根据分析条件设置相应的参数，进入准备状态。

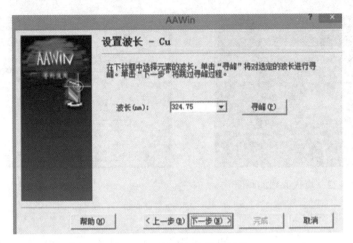

图 5-20　设置波长进行寻峰

5. 气体压力调节

打开燃气和助燃气，调节气体压力（如图 5-21 所示）。调节空气压力大于 0.24MPa，调节乙炔压力为 0.6MPa。

图 5-21　打开燃气和助燃气，并调整压力

6. 点火

点击界面上的"点火"，点燃火焰（如图 5-22 所示）。

注意：仪器长时间不用时，由于乙炔管路内有空气进入，第一次点火可能无法点燃，多点几次即可。

7. 测定

（1）空烧

① 将吸样毛细管对着空气。

② 点击"能量"。

③ 点击"自动能量平衡"。

④ 当指针接近 100 时，点击"关闭"（如图 5-23 所示）。

注意：能量达 100% 左右即可，且"自动能量平衡"只需点击一次即可。

图 5-22　点火成功的画面

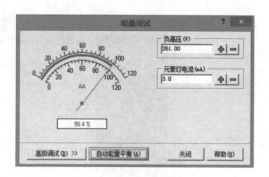

图 5-23　调节能量值

（2）测定样品吸光度

① 点击"测量"，将吸样毛细管插入蒸馏水，待吸光度稳定后点击"校零"，吸光度显示为零，点"开始"读数。

② 提起毛细管，用滤纸擦去水分。

③ 插入试样溶液中，待吸光度稳定后，点击"开始"，读取并记录吸光度（如图 5-24 所示）。

图 5-24　测定样品吸光度

8. 关机（如图 5-25 所示）

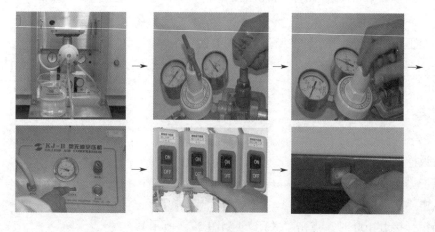

图 5-25　关机流程

① 吸入蒸馏水 5min。
② 关闭乙炔总阀。
③ 熄火关闭减压阀。
④ 关闭空压机。
⑤ 关闭排风。
⑥ 关闭主机电源。

四、原子吸收分光光度计的维护、保养

1. 空心阴极灯的维护与保养

对新购置的空心阴极灯，应该进行扫描测试和登记发射线的波长和强度以及背景发射的情况，以方便后期使用。当仪器不使用时，不要点燃空心阴极灯，以免缩短灯的使用寿命。空心阴极灯应该在额定电流范围内使用。仪器使用完毕后，要在空心阴极灯充分冷却后，从灯架上取下存入。当仪器长期不使用时，空心阴极灯应该每两到三个月点燃 1h 左右，以免灯的性能下降。

2. 气源的安全使用要求及气路气密性检查

（1）乙炔纯度要保证达到 98%，点火前后数据无变化为最好。当乙炔瓶内压力低于 0.5MPa 时必须更换，否则乙炔钢瓶内溶解物会溢出，进入管道，造成仪器内乙炔气路堵塞，不能点火。

（2）空压机要有除油、除水装置，定期更换空压机油，并保证每次使用后排空气缸中的气体。

（3）当仪器点火时，先开助燃气，然后开燃气；当仪器测定完毕后，先关乙炔钢瓶输出阀门，等燃烧器上的火焰熄灭后再关闭空气压缩机，以确保安全。

（4）严禁在乙炔气路管道中使用紫铜、银制零件，并要禁油，测试高浓度铜或银溶液时，应经常用去离子水喷洗。要经常放出空气压缩机气水分离器的积水，防止水进入助燃气流量计。

（5）要确保气路不漏气，最好每月定期检查一次。由于气路通常采用聚乙烯塑料管，时间长了容易老化，所以要经常对气体进行检漏，特别是乙炔的渗漏可能会造成危险。关闭仪器主单元的电源开关，打开气体钢瓶和空气压缩机的主阀，等待约 5s，然后关闭主阀，约 30min 后，检查主阀下游压力表的压力，燃气的压力降不能大于 0.01MPa，助燃气的压力降不能大于 0.02MPa。否则，表示有漏气现象。如果气体泄漏，用肥皂水或者漏气检测溶液检查气体配管和气体软管的各连接处，找出漏气部位，重新连接漏气部位或者立即更换软管。

3. 燃烧头清洁

如果燃烧头的缝被碳化物或盐等物质堵塞后，火焰变得不规则或出现分叉的情况。在火焰出现这些状态时，就应该熄灭火焰，等燃烧器冷却后用厚纸或薄的塑料片擦去锈斑和堵塞物。处理完毕后再次点火，若出现闪烁的橙色火焰时，进纯水样，直到不再闪烁为止。如果依然有此现象，从雾化室取下燃烧器头，用纯水清洗内部或者用稀酸或合适的洗涤剂浸泡过夜，然后使用纯净水冲洗干净。

当测定样品有高浓度共存物组分时（如高盐等），可能会附着到缝的内壁。因此测定样品后，务必使用纯净水进样冲洗，保证燃烧器的清洁。

4. 清洁雾化器（如图 5-26 所示）

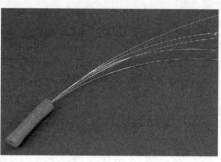

图 5-26　清洁雾化器

如果测定中数据漂移或吸收灵敏度减小，有可能是雾化器毛细管堵塞而引起的。可将吸液管直接从雾化器上拔下（不要松开白色塑料螺丝，避免损坏白金毛细管），然后使用标配的清洁丝从进样孔的位置观察，插入毛细管中，使之通畅。重新安装好进样管，点火，喷入纯水冲洗后即可。

5. 石墨炉头清洁

使用随机配带的石墨炉拆卸工具，将石墨帽、石墨锥拆下进行清洁。

首先使用酒精将石墨锥、石墨帽的内壁碳粉清洁干净，将温度通光孔通开，并检查石墨锥、石墨帽是否消耗严重，如果发现与石墨管接触的地方已经成凹槽状，必须更换石墨锥、石墨帽。检查石墨锥、石墨帽与冷却块接触的地方是否有腐蚀发生，如果有可以用 1000 目的砂纸打磨干净。（注意：此操作不可频繁发生。）

五、原子吸收分光光度计的故障排除

原子吸收分光光度计常见故障及排除方法，见表 5-2。

表 5-2　原子吸收分光光度计的故障排除

序号	故障现象	故障排除
1	主机电源开关指示灯不亮	检查保险丝，若保险丝烧断，换 3A 保险丝（原来为 1.5A 保险丝）
2	样品测试重复性不好	（1）确保仪器运行环境适宜、温湿度在合理范围内； （2）检查仪器稳定性（铜灯稳定性试验）； （3）检查元素灯能量是否稳定； （4）元素灯预热足够时间； （5）仪器原子化条件稳定（乙炔和空气输出压力，雾化器喷雾状态及雾化效果，废液排放是否顺畅等）； （6）确保正常进样； （7）确保样品溶液稳定
3	样品测试信号明显偏低	（1）进样量不足； （2）样品浓度不对，确保待测元素及对应浓度正确； （3）测试条件不合适（如波长、灯电流、对光情况），检查测试条件
4	仪器连不上机	（1）确保 USB 已正常连接； （2）电路板故障，更换新电路板

续表

序号	故障现象	故障排除
5	连不上机，开机后点火装置一直处于红热状态	电路板故障，更换新电路板
6	仪器点不着火	（1）确保乙炔气已通； （2）检查线路、确保接线无松动

任务 5-2 知识锦囊

任务三

原子吸收分光光度法的样品处理和定量分析

任务清单 5-3
原子吸收分光光度法的样品处理和定量分析

名称	任务清单内容
任务情景	请你依据《中国药典》对枸橼酸锌片的溶出度进行检查
任务分析	《中国药典》（2020 版，二部）正文品种第一部分中枸橼酸锌片的溶出度的检查：照溶出度与释放度测定法（通则 0931 第一法）测定。 溶出条件：以稀盐酸 24mL 加水至 1000mL 为溶出介质，转速为 100r/min，依法操作，经 30min 时取样。 供试品溶液：取溶出液，滤过，精密量取续滤液 3mL，置 25mL 量瓶中，用溶出介质稀释至刻度，摇匀。 对照品溶液：取枸橼酸锌对照品适量，精密称定，加溶出介质溶解并定量稀释制成每 1mL 中含 2μg、4μg 与 6μg 的溶液。 测定法：取供试品溶液与对照品溶液，照原子吸收分光光度法（通则 0406 第一法），在 213.9nm 的波长处测定，计算每片的溶出量
任务目标	1. 熟悉原子吸收分光光度计的定量分析方法 2. 熟悉样品的预处理方法 3. 掌握原子吸收分光光度法的计算过程
任务实施	1. 样品的预处理 2. 干扰及其抑制方法 3. 定量分析方法的选择 4. 分析操作条件的选择
任务总结	通过完成上述任务，你学到了哪些知识或技能

一、样品的预处理

原子吸收分光光度法具有灵敏、快速、选择性高、操作方便等优点，现被广泛地应用于化工、石油、医药、冶金、地质、食品、生化及环境监测等领域，能测定几乎所有的金属及某些非金属元素。在采用原子分光光度法测量样品前，许多样品必须要经过预处理，而不同的样品有不同的预处理方法，同一样品也有多种预处理方法，选择不同方法的依据就是方便快捷，同时又要尽量减少样品的用量，减少有效成分的流失。样品处理是原子吸收光谱法测定的关键步骤之一，下面主要介绍两种比较常用的样品预处理方法。

（一）酸消解法

酸消解法由于对设备要求低，效果比较好。酸消解法是用适当的酸消解样品基体，并使被测元素形成可溶盐。植物的花叶一般用硝酸，个别的可用 HNO_3-$HClO_4$，根茎则视其种类需要添加 H_2SO_4 或 HF，矿物类和动物类大多需用混合酸。例如：用 HCl-HF-$HClO_4$ 消解法处理铜钴矿。步骤如下：准确称取 $0.1 \sim 0.2g$ 试样于 150mL 聚四氟乙烯烧杯中，加 15mL HCl，$5 \sim 10$mL HF，3mL $HClO_4$，上盖表面皿，加热溶解并蒸至白烟冒尽，取下冷却后，加入 2mL HCl，用少量蒸馏水吹洗杯壁和表面皿，加热溶解盐类，冷却，将试液定容在 100mL 容量瓶中，同时做试剂空白。此法可以处理大米、中草药、矿石、茶叶、骨骼等多数样品，但不适合处理包含易挥发元素的样品，对环境也有一定的污染。

（二）微波消解法

微波消解法是最近几年发展起来的新方法，具有快捷、高效、简便、节约试剂、空白值低等优点，但是需要配置微波溶样炉。由于微波消解样品是在全封闭状态下进行的，避免了易挥发元素的损失，因此回收率高、准确性好，也减少了样品的沾污和环境污染。

以微波溶样技术处理茶叶为例，说明该方法的使用。步骤如下：用食品粉碎机将茶叶样品磨成粉状，精确称取 0.500g 于聚四氟乙烯溶样杯中，加入 3mL HNO_3、2mL H_2O_2，待反应平稳后，盖上杯盖，放入工程塑料外套中，置于微波溶样炉内，设置压力从 $1 \sim 3$ 挡（0.5MPa、1.0MPa、1.5MPa）定量梯度加压消解。$5 \sim 10$min 内消化完全，取出消解罐，冷却后开盖，把聚四氟乙烯溶样杯置于 120℃加热板上赶氮氧化物至溶液约 1mL。冷却后转移至 10mL 比色管中，用少许去离子水冲洗消化杯，洗液并入比色管内，稀释至刻度，摇匀待测。

微波消解法可用于测定多种样品，如烟叶、蔬菜、头发、中成药、土壤、保健品等的处理均可采用此法，尤其对于易挥发样元素最适合。

酸消解法和微波消解法都是常用的较好方法，在测定不同的样品时应该根据样品的性质和待分析的金属元素的性质以及实验条件，采用不同的分析方法。

二、干扰及其抑制方法

原子吸收分光光度法早期被认为是无干扰或干扰少的一种分析方法，然而随着原子吸收分光光度法的发展，大量事实证明原子吸收分光光度法仍存在不容忽视的干扰问题，而且在某些情况下，干扰还很严重，影响了分析结果的准确度。为了得到正确的分析结果，了解干扰的来源和消除方法非常重要。

原子吸收分光光度法中，干扰效应按其性质和产生的原因可以分为四类：物理干扰、电离干扰、光谱干扰和化学干扰。

（一）物理干扰

物理干扰是指试样在转移、蒸发和原子化过程中，由于试样任何物理特性（如黏度、表面张力、密度等）的变化而引起的原子吸收强度下降的效应。物理干扰是非选择性干扰，对试样各元素的影响基本相同。物理干扰主要发生在抽吸过程、雾化过程和蒸发过程中。

配制与待测试样具有相似组成的标准样品，是消除物理干扰的常用方法，在不知道试样组成或无法匹配试样时，可采用标准加入法或稀释法来减少或消除物理干扰。

（二）电离干扰

在高温下原子会电离，使基态原子数减少，引起原子吸收信号降低，此种干扰称为电离干扰。电离干扰的程度与原子化温度及元素种类有关。

在试液中加入过量的消电离剂可以消除电离干扰。消电离剂是比待测元素电离电位低的其他元素，通常为碱金属元素。在相同条件下，消电离剂首先被电离，产生大量电子，而抑制了待测元素基态原子的电离。例如在测定 Sr 时加入过量 KCl 可有效抑制电离干扰。

（三）光谱干扰

光谱干扰包括背景干扰和谱线干扰两种，主要来源于光源和原子化器，也与共存元素有关。

分子吸收与光散射是形成背景干扰的两个主要因素。谱线干扰通常有以下三种情况：吸收线重叠、光谱通带内存在的非吸收线、原子化器内直流发射干扰。为了消除原子化器内的直流发射干扰，可以对光源进行机械调制，或者是对空心阴极灯光源采用脉冲供电。

（四）化学干扰

化学干扰是待测元素的原子与共存组分发生化学反应生成热力学更稳定的化合物，从而影响待测元素化合物的解离及原子化。例如，磷酸、硫酸对钙、镁测定的干扰，是由于它们与钙、镁生成难挥发的化合物，使参与吸收的钙、镁的基态原子数减少。化学干扰是一种选择性干扰，它是原子吸收光谱法中的主要干扰来源。

消除化学干扰的方法主要有以下几种：提高原子化温度、加入释放剂、加入保护剂。

三、定量分析方法的选择

原子吸收光谱法是一种动态分析方法，用校正曲线进行定量。常用的定量方法有标准曲线法、标准加入法和内标法。其中，标准曲线法是最基本的定量方法。

（一）校准曲线法

配制一系列标准溶液，在同样测量条件下，测定标准溶液和试样溶液的吸光度，绘制吸光度与标准溶液浓度间的校准曲线，然后从校准曲线上根据试样的吸光度求出待测元素的浓度或含量。该方法简单、快速，适用于大批量、组成简单或组合相似试样的分析。为确保分析准确，应注意以下 4 点。

（1）待测元素浓度高时，会出现校准曲线弯曲的现象，因此，所配制标准溶液的浓度范围应服从朗伯 - 比尔定律。最佳分析范围的吸光度应为 0.1～0.5。绘制校准曲线的点应不少于4个。

（2）标准溶液与试样溶液应用相同的试剂处理，且应具有相似的组成。因此，在配制标准溶液时，应加入与试样组成相同的基体。

（3）使用与试样具有相同基体而不含待测元素的空白溶液调零，或从试样的吸光度中扣除空白值。

（4）在整个分析过程中操作条件应保持不变。

（二）标准加入法

在用标准曲线法分析被测元素时，标准系列与样品基体的精确匹配是制备良好校正曲线的必要条件，分析结果的准确性直接依赖于标准样品和未知样品物理化学性质的相似性。在实际的分析过程中，样品的基体、组成和浓度千变万化，要找到完全与样品组成相匹配的标准物质是很困难的，特别是对于复杂基体样品就更困难。

标准加入法的操作如下：取若干份相同体积的试样溶液（原试样），从第二份起，分别加入不同量的标准溶液，然后稀释至相同体积，得到若干份新的被测试样（新试样）。原有的若干份标准溶液中的被测元素在新试样中的浓度分别为 c_1、c_2、c_3…（各浓度依次增大）。设原试样中被测元素在新试样中的浓度为 c_x，则新试样中被测元素的实际浓度分别为 c_x、c_x+c_1、c_x+c_2、c_x+c_3…（各浓度依次增大）。分别测定它们的吸收度 A_0、A_1、A_2、A_3…以吸光度对加入原试样的标准溶液在新试样中的浓度作图，得到校正曲线（一条直线）。将校正曲线外推，使之与浓度轴相交，交点至原点的距离即为原试样中被测元素在新试样中的浓度 c_x。由 c_x 和被稀释的倍数即可得原试样中被测元素的浓度，见图5-27。

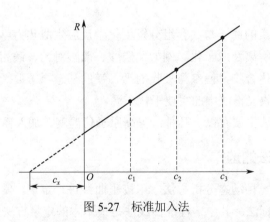

图5-27　标准加入法

标准加入法所依据的原理是吸光度的加和性。使用标准加入法时应注意以下3点：

① 标准加入法是建立在待测元素浓度与其吸光度成正比的基础上，因此待测元素的浓度应在此线性范围内。

② 为了能得到较为精确的外推结果，最少应采用4个点来制作外推曲线。加入标准溶液的量应适当，以保证曲线的斜度适宜，太大或太小的斜率，会引起较大的误差。

③ 本方法能消除基体效应带来的影响，但不能消除背景吸收的干扰。如存在背景吸收，必须予以扣除，否则将得到偏高的结果。

四、分析操作条件的选择

原子吸收光谱法中影响测量条件的可变因素很多,在测量同种样品的各种测量条件不同时,对测定结果的准确度和灵敏度影响很大。选择最合适的工作条件,能有效地消除干扰因素,可得到最好的测量结果和灵敏度。主要从以下几个条件上来选择。

(一)分析线的选择

通常可选用共振线作分析线,因为这样一般都能得到较高的灵敏度;测定高含量元素时,为避免试样过度稀释和减少污染等问题,可选用灵敏度较低的非共振吸收线为分析线。

(二)光谱通带的选择

光谱通带是指单色器出射光束波长区间的宽度。

一般元素的光谱通带为 0.5~4.0nm,对谱线复杂的元素(如 Fe、Co、Ni 等),采用小于 0.2nm 的通带可将共振线与非共振线分开。通带过小使光强减弱,信噪比降低。

(三)空心阴极灯的工作电流

空心阴极灯一般需要预热 15min 以上才能有稳定的光强输出。灯电流过小,放电不稳定,光强输出小;灯电流过大造成被气体离子激发的金属原子数增多。选用灯电流的一般原则是:在保证稳定和适合光强输出的情况下,尽量使用较低的工作电流。通常以空心阴极灯上标注的最大电流(一般为 5~10mA)的 40%~60% 为宜。

(四)进样量的选择

选择可调进样量雾化器,可根据样品的黏度选择进样量,提高测量的灵敏度。在实际工作中,应测定吸光度随进样量的变化,达到最满意的吸光度的进样量,即为应选择的进样量。对于石墨炉原子化器,进样量的多少取决于石墨管内容积的大小,一般固体进样量为 0.1~10mg,液体进样量为 1~50μL。

【示例 5-1】分别取 10.0mL 水样于 5 个 100mL 容量瓶中,每只容量瓶中加入质量浓度为 10.0 mg/L 的钴标准溶液,其体积如表 5-3 所示。用水稀释至刻度后,摇匀。在选定实验条件下,测定的结果见表 5-3。根据这些数据求出水样中钴的质量浓度(以 mg/L 表示)。

表 5-3 不同浓度钴标准溶液的吸光度测定

编号	水样体积/mL	加入钴标准溶液的体积/mL	吸光度 A
0	0.0	0.0	0.042
1	10.0	0.0	0.201
2	10.0	10.0	0.292
3	10.0	20.0	0.378
4	10.0	30.0	0.467
5	10.0	40.0	0.554

解: 首先将 1~5 号的吸光度扣除空白溶液的吸光度分别得:0.159,0.250,0.336,0.425 和 0.512。以此为纵坐标,以钴标准溶液的体积为横坐标作图,如下图所示。曲线不通过原点,外推曲线与横坐标相交,代入 $y=0.0088x-0.1602$,$y=0$,其 x 的绝对值等于 18.2mL。

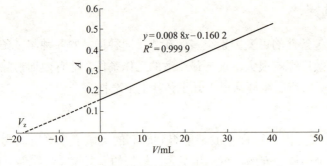

标准加入法的校准曲线

知识测试与能力训练

一、选择题

1. 原子吸收光谱法中光源的作用是（　　）。
   A. 提供试样蒸发和激发所需的能量
   B. 产生紫外线
   C. 发射待测元素的特征谱线
   D. 产生具有足够强度的散射光

2. 在原子吸收光谱法中，采用峰值吸收代替积分吸收的条件是（　　）。
   A. 发射线的半宽度大于吸收线半宽度，发射线的中心频率与吸收线中心频率重合
   B. 发射线的半宽度小于吸收线半宽度，发射线的中心频率与吸收线中心频率重合
   C. 发射线的中心频率小于吸收线的中心频率
   D. 发射线轮廓与吸收线轮廓有显著位移

3. 空心阴极灯的主要操作参数是（　　）。
   A. 灯电流　　　B. 灯电压　　　C. 阴极温度　　　D. 内充气体的压力

4. 在原子吸收光谱分析中，若组分较复杂且被测组分含量较低时，为了简便准确地进行分析，最好选择（　　）进行分析。
   A. 工作曲线法　　B. 内标法　　C. 标准加入法　　D. 间接测定法

5. 石墨炉原子化器的原子化程序分为（　　）。
   A. 灰化、干燥、原子化和净化
   B. 干燥、灰化、净化和原子化
   C. 干燥、灰化、原子化和净化
   D. 灰化、干燥、净化和原子化

6. 下列说法不正确的是（　　）。
   A. 空心阴极灯内充有惰性气体
   B. 空心阴极灯的阳极是钨极
   C. 原子吸收光谱仪中光源都是空心阴极灯
   D. 原子吸收光谱仪的检测器是光电倍增管

二、填空题

1. 在原子吸收光谱法中，火焰原子化器与无火焰原子化器相比较，测定的灵敏度_____，这主要是因为后者比前者的原子化效率_____。
2. 原子吸收光谱法中主要的干扰类型有_____、_____、_____、_____。
3. 在石墨炉原子化器中，应采用_____作为保护气。
4. 火焰原子化器的火焰分为_____、_____、_____；稳定性最好的火焰是_____。

三、简答题

1. 原子吸收分光光度计主要由哪几部分组成？各部分的功能是什么？
2. 保证或提高原子吸收光谱法的灵敏度和准确度，应注意哪些问题？怎样选择原子吸收光谱法的最佳条件？
3. 原子吸收光谱法中应选用什么光源？为什么？
4. 石墨炉原子化法有什么特点？比较火焰原子化法和石墨炉原子化法的优缺点？
5. 原子吸收光谱法中干扰是怎样产生的？如何消除干扰？并说明消除干扰的原理。

四、计算题

1. 用标准曲线法测定自来水中镁的含量，吸取 0mL、1mL、2mL、3mL、4mL 浓度为 1mg/mL 的镁标准溶液和水样 20.00mL，置于 50mL 容量瓶中，稀释至刻度标线。在相同的测定条件下，测得各标准溶液以及水样的吸光度分别为 0.043、0.092、0.140、0.187、0.234、0.135，求自来水中镁的含量。

2. 用标准加入法测定样品溶液中 Ca^{2+} 的浓度，标准溶液的浓度为 1μg/mL Ca^{2+}，测得吸收值数据为：

20mL 样品稀释至 25mL	0.08
20mL 样品 +1mL 标准溶液，稀释至 25mL	0.132
20mL 样品 +2mL 标准溶液，稀释至 25mL	0.185

试计算样品溶液中 Ca^{2+} 的浓度。

实验能力训练六

原子吸收光谱法测定葡萄糖酸钙氯化钠注射液中氯化钠的含量

【仪器及用具】

原子吸收分光光度计（配锌元素空心阴极灯）；空气压缩机；乙炔钢瓶；烧杯：50mL（3个）；容量瓶：100mL（7个），50mL（2个）；移液管：1mL（1支），2mL（1支），5mL（1支），10mL（1支）等。

【试剂和药品】

葡萄糖酸钙氯化钠注射液（规格：每 100mL 含葡萄糖酸钙 1g，氯化钠 0.9g），钠单元素标准溶液（规格：1000μg/mL）等。

【实验内容及操作过程】

《中国药典》（2020版，二部）中对于葡萄糖酸钙氯化钠注射液中氯化钠含量的测定规定如下。

对照品贮备液的制备：精密量取钠单元素标准溶液适量，用水稀释制成每 1mL 中含钠离子 100μg 的溶液。

供试品溶液的制备：精密量取本品 5mL，置 100mL 量瓶中，用水稀释至刻度，摇匀，精密量取 1mL，置 50mL 量瓶中，用水稀释至刻度，摇匀，即得。

测定法：精密量取对照品贮备液 0.5mL、1mL、2mL、3mL、4mL 分别置于 100mL 量瓶中，用水稀释至刻度，摇匀。取上述各溶液及供试品溶液，照原子吸收分光光度法（通则 0406 第一法），在 589nm 的波长处测定，计算结果乘以换算系数 2.542，即得。

具体操作过程如下。

序号	步骤	操作方法及说明	操作注意事项
1	钠元素对照品贮备液的制备	用移液管（或者移液枪）准确移取 1mL 钠单元素标准溶液，放入 100mL 容量瓶中，加水稀释至刻度，充分摇匀，即得	将钠元素标准溶液配制成含钠离子 100μg/mL 的浓度
2	葡萄糖酸钙氯化钠注射液的第一次稀释	用移液管（或者移液枪）准确移取 5mL 葡萄糖酸钙氯化钠注射液，放入 100mL 容量瓶中，加水稀释至刻度，充分摇匀，待第二次稀释	第一次稀释，移液管和容量瓶要充分润洗
3	葡萄糖酸钙氯化钠注射液的第二次稀释	准确移取上述已稀释好的溶液 1mL 至 50mL 容量瓶中，加水稀释至刻度，充分摇匀，即得	第二次稀释，移液管和容量瓶要充分润洗。定容时凹液面与刻度相切
4	钠元素对照品系列标准液的配制	精密量取钠元素对照品贮备液 0.5mL、1mL、2mL、3mL、4mL 分别置于 100mL 容量瓶中，用水稀释至刻度，摇匀	将盛放不同浓度的容量瓶贴上标签，防止混淆
5	开机准备	检查水封、检查乙炔管道、打开抽风系统、安装钙和镁空心阴极灯	检查乙炔的管路，防止漏气造成安全事故
6	开机	打开仪器电源、电脑工作站软件，选择钠元素灯，设置灯电流、波长、光谱带宽等参数	设置钠的最大吸收波长为 589nm
7	点火	打开气瓶，点燃火焰	乙炔压力表的压力值不要高于指定范围
8	测定钠元素对照品系列标准液的吸光度	点火 5min 后，吸入去离子水，按"调零"按钮调零。吸入钠元素对照品系列标准液溶液，待能量表指针稳定后按"读数"键，3s 后显示器显示吸光度积分值，并保持 5s，为保证读数可靠，重复以上操作三次，取平均值。分别测出钠元素对照品系列标准液的吸光度值	采取同样的方法连续测出 5 个标准溶液的吸光度值
9	测定供试品葡萄糖酸钙氯化钠注射液的吸光度	吸入供试品葡萄糖酸钙氯化钠注射液，待能量表指针稳定后按"读数"键，3s 后显示器显示吸光度积分值并保持 5s，为保证读数可靠，重复以上操作三次，取平均值	在测定各溶液的吸光度值时，需等吸光度值稳定后才采集数据，否则可能会有误差

续表

序号	步骤	操作方法及说明	操作注意事项
10	清洗燃烧头	测定完毕,吸入去离子水继续烧2～3min,再空烧2～3min	清洗燃烧头时必须用去离子水,不能是空白溶液
11	关机	关闭乙炔阀门,待火焰熄灭继续通入空气。待冷却后关闭电源、空气压缩机电源,盖上防尘罩	空气压缩机的压力表需要在降至0.25MPa后才达到足够冷却关闭
12	结果计算	根据钠元素对照品系列标准溶液的吸光度值与浓度在同一坐标系里作图,得出吸光度值与浓度的标准曲线,查出供试品葡萄糖酸钙氯化钠注射液中钠的含量,结果乘以换算系数2.542即得	也可以通过仪器软件自带的线性回归方程计算得出葡萄糖酸钙氯化钠注射液中钠的含量,再乘以换算系数2.542即得

【实验数据记录及结果处理】

1. 检验原始记录

_____制药厂检验原始记录

品名		批号		批量	
规格		来源			
检验项目		效期		报告日期	
依据					
结果					
结论					

检验人:　　　　　复核人:

2. 检验报告书

_____制药厂检验报告书

品名		批号		批量	
规格		来源			
检验项目		效期		报告日期	
依据					
检验项目 【含量测定】	《中国药典》规定:		检验结果:		
结论					

负责人:　　　复核人:　　　检验人:

【学习结果评价】

序号	评价内容	评价标准	评价结果(是/否)
1	会对样品进行稀释、配制	会正确进行样品稀释、配制、预处理	
2	会操作使用原子吸收分光光度计	能正确、规范使用原子吸收分光光度计	
3	会进行结果的计算	能正确利用标准曲线法作图和方程进行结果计算	

续表

序号	评价内容	评价标准	评价结果（是/否）
4	会对原子吸收分光光度计进行实验操作后的保养	能进行操作后空烧、干烧、降温、盖上防尘罩等	

【思考题】

1. 标准曲线法利用作图和线性回归方程得出的结果是否有差异？
2. 根据标准曲线法得出的结果为什么要乘以换算系数 2.542？

项目六
经典色谱技术

知识目标

（1）了解色谱法的起源、特点及发展。
（2）掌握色谱法的原理及分类。
（3）理解液-固吸附色谱、凝胶柱色谱和纸色谱的分离原理。
（4）熟悉常见固定相的特点。
（5）掌握流动相与固定相的选择原则。

技能目标

掌握液-固吸附色谱、凝胶柱色谱和纸色谱的实验操作技术。

素质目标

（1）培养学生操作液-固吸附色谱、凝胶柱色谱和纸色谱的动手能力。
（2）培养学生利用液-固吸附色谱、凝胶柱色谱和纸色谱对样品进行分离分析能力。
（3）培养学生科学严谨的学习态度和精益求精的工匠精神。

任务一

认知色谱法

任务清单 6-1
认知色谱法

名称	任务清单内容
任务情景	学习《中国药典》（2020 版，四部，通则 0500）中关于"色谱法"的内容
任务分析	色谱法是使混合物分离的一种方法
任务目标	1. 了解色谱法的起源、特点及发展 2. 掌握经典色谱法的原理及分类
任务实施	1. 色谱法的简介 2. 色谱法分类 3. 色谱法的特点 4. 色谱法的发展
任务总结	通过完成上述任务，你学到了哪些知识或技能

一、色谱法简介

20 世纪初期，俄国植物学家茨维特（Tswett）在研究植物色素分离方法时提出色谱法概念。他在研究植物叶的色素成分时，将植物叶子的石油醚浸出液从顶部倒入填有碳酸钙的直立玻璃管内，然后加入石油醚使其自由流下，结果色素中各组分在碳酸钙中实现了互相分离，形成各种不同颜色的谱带（如图 6-1），按光谱的命名方式，这种方法因此得名为色谱法。

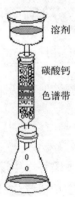

图 6-1 茨维特实验装置图

该方法中，碳酸钙被称为固定相，石油醚为流动相，装碳酸钙的玻璃管为色谱柱，冲洗的过程称为洗脱。色谱分离的本质即利用混合物中各组分在流动相和固定相之间相互作用力（如溶解能力、吸附力、极性、亲和力等）的强弱不同，而使各组分在色谱柱中分别以不同的速度移动而达到分离的定性与定量分析的方法。经过多年的发展，色谱法中的固定相、流动相和色谱柱材料变得多种多样，分离技术也逐渐实现仪器化、自动化和高速化，已成为一个重要的分析分离工具。

二、色谱法分类

色谱法按流动相和固定相的状态可分为液相色谱（LC）和气相色谱（GC）。液相色谱（LC）又可以分为液 - 固色谱（LSC）、液 - 液色谱（LLC）。气相色谱（GC）可以分为气 - 固色谱（GSC）和气 - 液色谱（GLC）。根据分离原理，又可分为吸附色谱、分配色谱、凝胶色谱与离子交换色谱等。根据操作形式又可以分为纸色谱、柱色谱和薄层色谱等。

三、色谱法的特点

1. 分离效率高

现代色谱技术分离效率较高，不仅能用于一般物质的分离，对于复杂混合物、有机同系物、异构体和手性异构体等也能实现分离。

2. 灵敏度高

现代色谱技术灵敏度极高，已广泛应用于各个领域，可以检测出 μg/g（10^{-6}）级甚至 ng/g（10^{-9}）级的物质量。

3. 分析速度快

色谱法还具有分析速度快的优点，一般在几分钟或几十分钟内可以完成一个试样的分析。

4. 应用范围广

色谱法应用范围广，一般来说，沸点低于350℃的各种有机或无机试样的分离分析和制备可以用气相色谱。高沸点、热不稳定、生物试样则需要用到液相色谱。

四、色谱法的发展

色谱法自1906年时由俄国植物学家M.Tswett首先提出之后，经历了从经典色谱法到气相色谱法再到高效液相色谱法的大概历程，因其具有强大的分离能力、众多的分离模式和灵活的检测手段，色谱技术被广泛用于化工、医药、生化和环境保护等领域，起到重要的作用，迄今为止已有20多位诺贝尔科学奖获得者受益于此方法。可以预见，未来色谱法必将为人类社会的进步发挥更大的作用。

任务6-1
知识锦囊

任务二

应用液-固吸附柱色谱法进行样品的分离

任务清单6-2
应用液-固吸附柱色谱法进行样品的分离

名称	任务清单内容
任务情景	请你利用硅胶柱对某植物叶子的色素进行分离

续表

名称	任务清单内容
任务分析	利用柱色谱对多种成分进行分离，首先应装柱，然后对植物色素进行提取和分离
任务目标	1. 理解液-固吸附柱色谱法的分离原理 2. 熟悉常见固定相的特点 3. 掌握液-固吸附柱色谱法的流动相与固定相的选择原则及实验操作技术
任务实施	1. 液-固吸附柱色谱法的分离原理 2. 液-固吸附柱色谱法的吸附剂 3. 液-固吸附柱色谱法的流动相 4. 液-固吸附柱色谱法的操作方法
任务总结	通过完成上述任务，你学到了哪些知识或技能

一、液-固吸附柱色谱法

（一）分离原理

色谱分离基于吸附效应的色谱法称为吸附色谱法。以固体吸附剂为固定相，以液体为流动相的柱色谱法，称为液-固吸附柱色谱法。通过液-固吸附柱对样品进行分析、分离和制备时，由于吸附剂表面对样品中不同组分吸附力及流动相对各组分的溶解能力（或称解吸能力、洗脱能力）的差异，最终可导致样品中各组分流出色谱柱的先后顺序（或在色谱柱中停留的时间即保留时间）不同而达到分离。

（二）柱色谱吸附剂

作为吸附剂要有较大的表面积和适宜的活性，与流动相溶剂及被分离各物质不发生化学反应，颗粒均匀，在所用溶剂中不溶解。常用的吸附剂有硅胶、氧化铝、大孔吸附树脂、聚酰胺、活性炭等。其中硅胶、氧化铝和大孔吸附树脂柱色谱在实际工作中较为常用。

1. 硅胶

硅胶是一种呈微酸性的多孔性物质，表面主要存在着硅羟基（—Si—OH），可以与许多化合物形成氢键吸附。游离的硅羟基数目的多少决定了硅胶吸附作用的强弱。另外硅胶极易吸水，其吸附作用的大小还与其表面含水量有关。吸附剂的活性根据含水量的多少分为5个活性级别，活性级别越小含水量越少，吸附能力越强，反之则相反（见表6-1）。当硅胶吸附活性很小或失去吸附能力时，称为失活。要想重新获得吸附能力，只有除去硅胶表面吸附的自由水，这一过程称之为活化。常用的活化方法是用烘箱将硅胶加热至105～110℃，持续30min。但需要注意，硅胶加热到170℃及以上时，就会有硅羟基发生不可逆脱水，从而彻底失去吸附活性，因此硅胶的活化不宜在过高温度下进行。因为硅胶呈弱酸性，可能会和碱性物质相反应，所以只适用于分离中性或酸性的化学成分。

2. 氧化铝

氧化铝和硅胶都属于极性吸附剂，但吸附性要强于硅胶，主要是其表面的铝羟基和化合物形成氢键而发生吸附。和硅胶相似，氧化铝的吸附能力也随着含水量的增加逐渐减小（见表6-1）。一般在150～160℃加热4h即可达到Ⅲ～Ⅳ级氧化铝。色谱用氧化铝有酸性（pH 4.0）、碱性（pH 9.0）和中性（pH 7.5）之分。酸性氧化铝可以分离中性和酸性化合物，如氨基酸和酸性色素。碱性氧化铝一般只适用于分离碱性和中性的化合物，如生物碱。中性氧化铝则可用于分离醛类、酮类、萜类、生物碱、皂苷等中性或对酸碱不稳定成分，应用最为广泛。

表 6-1 硅胶及氧化铝活性与含水量的关系

硅胶含水量 %	氧化铝含水量 %	活度级	活性
0	0	I	大 ⇓ 小
5	3	II	
15	6	III	
25	10	IV	
38	15	V	

3. 大孔吸附树脂

大孔吸附树脂是 20 世纪 60 年代末在其它吸附应用的基础上发展起来的一种具有多孔立体结构、人工合成的有机高分子聚合物。大孔吸附树脂是由聚合单体和交联剂、造孔剂、分散剂等添加剂经聚合反应制成的。聚合物形成后，造孔剂被去除，在树脂中留下大大小小形状各异互相贯通的孔穴，故而被称为大孔吸附树脂。

大孔吸附树脂是吸附性和分子筛选性原理相结合的分离材料。它的吸附性主要来源于范德华力和氢键作用力，分子筛选性主要由其本身的多孔性结构的性质所决定。被分离成分常根据其被吸附能力及分子量大小的不同，在大孔吸附树脂上经一定的溶剂洗脱而达到分离。

大孔吸附树脂主要用于水溶性成分的分离纯化，尤其是大分子的亲水性物质如多糖皂苷等。在实际的应用中常根据被分离物质成分的特性和树脂的结构性能，选择合适的树脂及分离条件达到最佳的分离效果。目前，大孔吸附树脂在多糖、皂苷、黄酮、生物碱、三萜类化合物等的分离方面得到了很好的应用。

（三）流动相

色谱用的流动相应当具备纯度高，不与试样、吸附剂发生化学反应，对被分离物质有适当的溶解度，黏度小，易挥发等条件。

流动相的洗脱能力常常与被测物质的结构、性质，流动相的极性及吸附剂的活性相关。一般来说被测物质的极性越大，越难以洗脱。被测物质的极性常常由官能团的极性及数目决定。常见官能团的极性由小到大的顺序是：烷烃＜烯烃＜醚类＜硝基化合物＜酯类＜酮类＜醛类＜硫醇＜胺类＜酰胺＜醇类＜酚类＜羧酸类。根据相似相溶的原理，流动相的极性越大，洗脱能力越强。吸附剂的极性越大，吸附能力越强，被测物质就越难以从吸附剂上被洗脱。

在实际的应用中，常常要综合考虑吸附剂、流动相和被分离物质的特性，通过试验才能确定最佳的检测分离方案。一般的选择原则总结如下。

（1）吸附剂的选择：分离极性大的物质一般选用吸附活性小的吸附剂，分离极性小的物质，可选择吸附活性稍大的吸附剂。

（2）流动相的选择：流动相的选择一般依据相似相溶原则。分离极性较大的物质，应选择极性较大的溶剂做流动相，分离极性较小的物质，宜选用极性较小的溶剂做流动相。常用溶剂的极性由强到弱的顺序为：

水＞乙腈＞甲醇＞乙酸＞乙醇＞异丙醇＞丙酮＞正丁醇＞正戊醇＞乙酸乙酯＞乙醚＞二氯甲烷＞苯＞甲苯＞二甲苯＞四氯化碳＞二硫化碳＞环己烷＞石油醚。

（四）液-固吸附柱色谱操作方法

液-固吸附柱色谱是分离、纯化和鉴定有机物的重要方法。它是根据混合物中各组分的分子结构和性质（极性）来选择合适的吸附剂和洗脱剂，从而利用吸附剂对各组分吸附能力的不同及各组分在洗脱剂中的溶解性不同达到分离目的。

1. 质量要求

装柱之前，先将空柱洗净干燥，再将空柱垂直固定在铁架台上。如果色谱柱下端没有砂芯横隔，就取一小团脱脂棉，用玻璃棒将其推至柱底，再在上面平铺上一层厚 0.5～1cm 的洗净、干燥的石英砂，有助于分离时色层边缘整齐，加强分离效果。

色谱柱的长度与直径比一般为 10∶1～20∶1。装柱高度一般为柱子的四分之三，要留有加洗脱剂的空间。色谱柱的填装要均匀，不能有气泡。

2. 装法

（1）湿法装柱。将吸附剂（如硅胶）倒入烧杯中，加适量洗脱剂，用玻璃棒搅拌均匀，确保吸附剂全部浸没在洗脱剂里，赶走其中的气泡，然后导入柱子，再在柱顶加入一薄层脱脂棉花。如图 6-2 所示。

（2）干法装柱。直接将吸附剂通过漏斗加入柱子，可以用橡皮锤等轻敲柱子，使填装紧密均匀。最后，同样要在柱顶加入一薄层脱脂棉花。如图 6-3 所示。

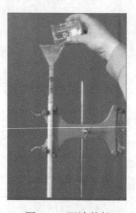 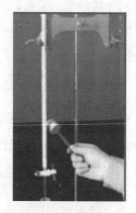

图 6-2　湿法装柱　　　　　图 6-3　干法装柱

3. 加样

（1）干法加样。把待分离的样品用少量溶剂溶解后，再加入少量硅胶，拌匀后烘干，研磨成粉末，再小心加到柱子的顶层，用橡皮锤等轻敲柱子，使填装均匀。此法操作麻烦，但可以保证样品层平整，有利于样品分离。

（2）湿法加样。用少量溶剂（最好是展开剂）将样品溶解后，再用胶头滴管转移得到的溶液，沿着层析柱内壁均匀加入。

4. 洗脱

（1）洗脱剂：通常为一种溶剂或几种溶剂按一定比例组成的混合溶剂。

（2）操作要求：一是保持吸附层上方有一定量的洗脱剂，防止断层和旁流；二是控制洗脱剂的流速（5～10滴/min）。

5. 收集

收集洗脱物质有多种方法，如果化合物形成明显的色带，则可按照色带收集。如果色带不明显或者没有色带，则可以等份收集（亦可用自动收集器），或按变换洗脱剂收集。要注意的是，色谱柱装填紧密与否，对分离效果影响很大。若柱中留有气泡或各部分松紧不匀甚至有断层时，会影响分离效果甚至造成操作失败。另外，在吸附柱上端加入脱脂棉是为了加样品和洗脱剂时不致把吸附剂冲起，影响分离效果；在吸附柱下端加入脱脂棉是为了防止吸附剂细粒流出，见图6-4。最后应该对收集的洗脱物分别进行检验，合并相同的洗脱物。柱色谱可反复操作，直至达到分离效果。

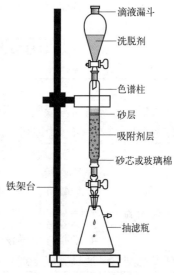

二、液－固吸附柱色谱法应用示例

图6-4 吸附柱色谱装置图

以黄芪含量测定时样品溶液的制备为例进行介绍。

（一）分离原理

黄芪是一种常用中药材，主要含有皂苷、多糖和黄酮等类型的化合物，其中黄芪甲苷是黄芪的重要生理活性成分，《中国药典》（2020版，一部）采用黄芪甲苷作为黄芪药材的含量测定指标。黄芪甲苷属于四环三萜类皂苷，极性较大，易溶于热水、热甲醇和热乙醇等大极性溶剂中，几乎不或难溶于乙醚、苯等极性小的有机溶剂。黄芪皂苷类化合物的分离多先采用醇类作溶剂进行提取，提取液浓缩后加水以正丁醇萃取，萃取液再经过大孔吸附树脂柱纯化可得黄芪总皂苷。

（二）操作步骤

取黄芪中粉约4g，精密称定，置索氏提取器中，加甲醇40mL冷浸过夜，再加甲醇适量，加热回流4h，提取液回收溶剂并浓缩至干，残渣加水10mL，微热使溶解，用水饱和的正丁醇振摇提取4次，每次40mL，合并正丁醇液，用氨试液充分洗涤2次，每次40mL，弃去氨液，正丁醇液蒸干，残渣加水5mL使溶解，放冷，通过D101型大孔吸附树脂柱（内径为1.5cm，柱高为12cm），以水50mL洗脱，弃去水液，再用40%乙醇30mL洗脱，弃去洗脱液，继续用70%乙醇80mL洗脱，收集洗脱液，蒸干，残渣加甲醇溶解，转移至5mL容量瓶中，加甲醇至刻度，摇匀，即得样品溶液。

任务6-2
知识锦囊

任务三

应用凝胶柱色谱法进行样品的分离

任务清单 6-3
应用凝胶柱色谱法进行样品的分离

名称	任务清单内容
任务情景	请回答凝胶柱色谱法的分离原理是什么？该法主要针对哪些物质的分离
任务分析	学习《中国药典》（四部，通则 0514）的凝胶柱色谱法的内容，从中找到答案
任务目标	1. 理解凝胶柱色谱法的分离原理 2. 掌握凝胶柱色谱法的实验操作技术
任务实施	1. 凝胶柱色谱法的分离原理 2. 凝胶柱色谱法的吸附剂 3. 凝胶柱色谱法的流动相 4. 凝胶柱色谱法的操作方法
任务总结	通过完成上述任务，你学到了哪些知识或技能

一、凝胶柱色谱法

凝胶柱色谱法是 20 世纪 60 年代发展起来的一种快速而又简单的分离分析技术，由于设备简单、操作方便，不需要有机溶剂，对高分子物质有很好的分离效果，目前已经被生物化学、分子生物学、生物工程学、分子免疫学以及医学等相关领域广泛采用，不但应用于科学实验研究，而且已经大规模地用于工业生产。凝胶柱色谱法也称为分子排阻色谱法。

（一）分离原理

一个含有各种分子的样品溶液缓慢地流经凝胶色谱柱时，各分子在柱内同时进行着两种不同的运动：垂直向下的移动和无定向的扩散运动。大分子物质由于直径较大，不易进入凝胶颗粒的微孔，而只能分布于颗粒之间，所以在洗脱时向下移动的速度较快。小分子物质除了可在凝胶颗粒间隙中扩散外，还可以进入凝胶颗粒的微孔中，即进入凝胶相内，在向下移动的过程中，从一个凝胶颗粒内扩散到颗粒间隙后再进入另一凝胶颗粒，如此不断地进入和扩散，小分子物质的下移速度落后于大分子物质，从而使样品中分子大的先流出色谱柱，中等分子的后流出，分子最小的最后流出，这种现象叫分子筛效应。因此，大小不等的分子通过色谱柱的时间不同，进而达到分离的效果。凝胶柱色谱分离过程见图 6-5。

（二）固定相

凝胶柱色谱法的固定相为凝胶，下面介绍几种常用的凝胶。

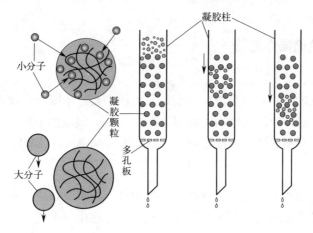

图 6-5 凝胶柱色谱分离过程

1. 交联葡聚糖凝胶

（1）Sephadex G 交联葡聚糖的商品名为 Sephadex，不同规格型号的葡聚糖用英文字母 G 表示，G 后面的阿拉伯数字为凝胶得水值的 10 倍。例如，G-25 为每克凝胶膨胀时吸水 2.5g，同样 G-200 为每克干凝胶吸水 20g。交联葡聚糖凝胶的种类有 G-10，G-15，G-25，G-50，G-75，G-100，G-150 和 G-200。因此，"G"反映凝胶的交联程度、膨胀程度及分布范围。

（2）Sephadex LH-20，是 Sephadex G-25 的羧丙基衍生物，能溶于水及亲脂溶剂，用于分离不溶于水的物质。

2. 琼脂糖凝胶

琼脂糖凝胶是依靠糖链之间的次级链如氢键来维持网状结构，网状结构的疏密依靠琼脂糖的浓度。一般情况下，它的结构是稳定的，可以在许多条件下使用（如水，pH4～9 范围内的盐溶液）。琼脂糖凝胶在 40℃以上开始融化，也不能高压消毒，可用化学灭菌活处理。

3. 聚丙烯酰胺凝胶

聚丙烯酰胺凝胶是一种人工合成凝胶，是以丙烯酰胺为单位，由次甲基双丙烯酰胺交联成的，经干燥粉碎或加工成形制成粒状，控制交联剂的用量可制成各种型号的凝胶。交联剂越多，孔隙越小。

4. 聚苯乙烯凝胶

聚苯乙烯凝胶具有大网孔结构，可用于分离分子量 1600～40,000,000 的生物大分子，适用于有机多聚物，分子量测定和脂溶性天然物的分级，凝胶机械强度好，洗脱剂可用甲基亚砜。

（三）流动相

凝胶柱色谱的流动相必须是能够溶解样品的溶剂，能润湿凝胶使其膨胀但不能破坏凝胶的稳定性，同时黏度还要低，而且要保持一定的流动性。常用的亲水性溶剂有水、缓冲液或不同比例的甲醇水溶液。亲脂性溶剂有氯仿、四氢呋喃、甲苯或者不同比例的混合溶剂等。如被分离成分是水溶性成分，则选择亲水性溶剂作为流动相。如被分离成分是脂溶性成分，则选择亲脂性溶剂。

（四）凝胶柱色谱操作方法

1. 溶胀

商品凝胶是干燥的颗粒，在使用前需要在流动相中充分溶胀一至数天，如在沸水浴中将湿凝胶逐渐升温到近沸，则溶胀时间可以缩短到 1～2h。凝胶的溶胀一定要完全，否则会导致色谱柱的不均匀。热溶胀法还可以杀死凝胶中产生的细菌、脱掉凝胶中的气泡。

2. 装柱

凝胶在装柱前，可用水浮选法去除凝胶中的单体、粉末及杂质，并可用真空泵抽气排出凝胶中的气泡。将柱垂直固定，加入少量流动相以排除柱中底端的气泡，再加入一些流动相于柱中约 1/4 的高度。采用湿法装柱，将预处理好的凝胶，装入柱中后，放出溶剂，使凝胶沉积，柱床稳定并始终保持一定的液面。

3. 上样

凝胶柱装好后，一定要对柱用流动相进行很好的平衡处理，才能上样。用滴管吸取样品溶液沿柱壁轻轻地加入色谱柱中，打开流出口，使样品液渗入凝胶床内。当样品液面恰与凝胶床表面齐平时，再次加入少量的洗脱剂冲洗管壁。

4. 洗脱

凝胶色谱的流动相一般多采用水或缓冲溶液，少数采用水与一些极性有机溶剂的混合溶液，除此之外，还有个别比较特殊的流动相系统，这要根据溶液分子的性质来决定。加完样品后，可将色谱床与洗脱液贮瓶及收集器相连，设置好一个适宜的流速，就可以定量地分布收集洗脱液。然后根据溶质分子的性质选择光学、化学或生物学的方法进行定性和定量测定。

5. 再生

因为在凝胶色谱中凝胶与溶质分子之间原则上不会发生任何作用，因此在一次分离后用流动相稍加平衡就可以进行下一次的色谱操作。凝胶柱若经多次使用后，其色泽改变，流速降低，表面有污渍等就要对凝胶进行再生处理。凝胶的再生是指用恰当的方法除去凝胶中的污染物，使其恢复其原来的性质。通常在 50℃ 左右，用 0.5mol/L 的氢氧化钠和 0.5mol/L 的氯化钠的混合液浸泡，再用水清洗，使其再生。

6. 保存

经常使用的凝胶以湿态保存为主，为了避免凝胶床染菌，可加少许氯仿、苯酚或硝基苯等化学物质，它可以使色谱柱放置几个月至一年。

二、凝胶柱色谱法应用示例

以利用凝胶柱色谱法测定头孢拉定胶囊中的高分子杂质为例。

（一）分离原理

头孢拉定是一种常用的广谱抗菌药，过敏是其常见的不良反应。大量实验证实制药过程形成或混入的蛋白质、多肽、多糖等高分子杂质可与头孢拉定结合诱发过敏反应。因此控制产品中高分子杂质的含量是减少头孢拉定过敏反应的主要途径。由于头孢拉定胶囊中的高分子杂质的分子量差别较大,通过凝胶柱色谱的分子筛原理可以达到分离纯化的目的,方便定量检测。

(二)实验材料

高效液相色谱仪、凝胶柱(填料:葡聚糖凝胶 Sephadex G-10,10mm×300mm,40~120μm)、头孢拉定对照品、头孢拉定胶囊。

(三)色谱条件

流动相 A:0.1mol/L 磷酸盐缓冲液(取磷酸氢二钠 21.85g 和磷酸二氢钠 5.38g,加水 1000mL 溶解,调节 pH 至 7.0,滤过备用);流动相 B:0.5% 葡萄糖溶液;流速:0.8mL/min;检测波长:254nm。

(四)供试品溶液的制备

取本品 20 粒,按装量差异项下操作,计算平均装量;再取装量差异项下的内容物,混匀,精密称取适量(约相当于头孢拉定 100 mg),加碳酸钠约 75 mg 助溶,置于 10mL 量瓶中,用流动相 A 溶解并稀释到刻度,摇匀,经 0.45μm 微孔滤膜过滤,取续滤液作供试品溶液(临用前配制)。

(五)对照品溶液的制备

取头孢拉定对照品约 34mg,精密称定,置于 250mL 量瓶中,用流动相 B 稀释至刻度,摇匀,经 0.45μm 微孔滤膜过滤,取续滤液作对照品溶液(临用前配制)。

(六)测定法

以流动相 B 为流动相,取对照品溶液 50μL 进样,测定;再以流动相 A 为流动相,取供试品溶液 50μL 进样,测定,记录与对照品保留时间相同的色谱峰面积值,计算供试品中高分子杂质的含量。

任务 6-3 知识锦囊

任务四

应用纸色谱法进行样品的分离和鉴定

任务清单 6-4

应用纸色谱法进行样品的分离和鉴定

名称	任务清单内容
任务情景	纸色谱法的固定相是滤纸吗

续表

名称	任务清单内容
任务分析	通过学习《中国药典》(2020版，四部，通则0501)纸色谱法的内容找到任务的答案
任务目标	1. 理解纸色谱法的分离原理 2. 掌握纸色谱法的实验操作技术
任务实施	1. 纸色谱法的分离原理及应用 2. 纸色谱法的操作方法
任务总结	通过完成上述任务，你学到了哪些知识或技能

一、纸色谱技术

（一）分离原理

纸色谱法是一类以滤纸为载体的色谱法，它具有简单、分离效能高、所需仪器设备价廉、应用范围广泛等特点。纸色谱（纸层析）以滤纸为载体，滤纸上吸着的水（或根据需要加在滤纸上的溶液）为固定相，用适当的溶剂系统为流动相进行展开，由于试样中各物质的分配系数不同，致使扩散速度不同，从而使各物质达到分离的一种分配色谱法。色谱专用滤纸因厚薄不同和质地的松紧可以分为快速、中速、慢速等规格。

（二）应用

纸色谱既可用于定性、定量分析，也可以用于微量物质的制备分离。定性分析易用薄型滤纸，定量分析或制备适用厚型滤纸。

纸色谱对亲水性较强成分如糖类、氨基酸、苷类等比薄层色谱分离效果好，但是纸色谱展开一般需要较长时间，并且不能用腐蚀性强的显色试剂。

（三）操作方法

1. 点样

纸色谱法的点样方法与硅胶薄层色谱法基本相似，点样量一般是几毫克至几十毫克，如果点样量大，因为样品在滤纸上先溶解再进行分配，那么点样的点也应大些。

2. 展开

一般纸色谱展开的器具有毛细管、展开缸等。展开常采用上行法。如图6-6所示。

3. 显色

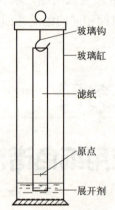

图6-6 纸色谱上行展开

展开结束后，首先在日光或紫外线下观察有无颜色或者荧光斑点，用铅笔标记其位置，然后根据所需检查成分喷洒对应的显色剂，显色后再定位。

4. 计算比移值

计算方法与薄层色谱相同。影响比移值的因素很多，一般采用对照品对比来确定其异同。

二、纸色谱法应用示例

以纸色谱法分离氨基酸为例。

（一）分离原理

氨基酸的定性或定量测定常用纸色谱法。其本质是利用以滤纸为载体的分配色谱，滤纸吸的水作为固定相，有机溶剂为流动相，由于不同氨基酸或肽类分配系数不同而得到分离。

（二）操作步骤

取一张滤纸，裁成约 5cm×8cm 大小，用铅笔轻轻在距滤纸底部 2cm 处划一条平行于底边的线，在线上标四个等距离的点样位置。用毛细管分别吸取氨基酸对照品和样品，点于标记好的点样位置。为保证分离效果，点样的扩散直径控制在 0.5cm 之内，可多次点样增加上样量，但要注意必须在前一滴样品干后再点。可使用吹风机加速样品干燥，但要注意温度不可过高，以免氨基酸破坏。将点好样品的滤纸放入色谱缸内，以正丁醇∶80% 甲酸∶水 =15∶3∶2（V/V）作为展开剂进行展开，当溶剂前沿至纸的上沿约 1cm 时，取出滤纸，立即用铅笔标出溶剂前沿位置，自然风干或用电吹风把滤纸吹干。向滤纸上均匀喷上 0.1% 茚三酮的正丁醇溶液作显色剂，完全吹干后显色。

（三）结果与结论

通过实验可知每种氨基酸在展开剂中的移动速率是不相同的，利用每种氨基酸在纸上的位置不同可以计算出各氨基酸样品的 R_f 值，并与赖氨酸、脯氨酸、亮氨酸等标准氨基酸的 R_f 值对照，确定混合样品中含有哪些氨基酸。

任务 6-4 知识锦囊

 知识测试与能力训练

一、选择题

1. 俄国植物学家茨维特分离植物中色素时采用（　　）。
A. 液-液色谱法　　B. 液-固色谱法　　C. 凝胶柱色谱法　　D. 离子交换色谱法

2. 液-固吸附柱色谱法的分离机制是利用吸附剂对不同组分的（　　）能力差异而实现分离。
A. 吸附　　B. 分配　　C. 交换　　D. 渗透

3. 常用的吸附剂硅胶与其他组分之间的吸附力，靠的是（　　）。
A. 氢键　　B. 范德华力　　C. 静电引力　　D. 摩擦力

4. 下列不能用于固定相中吸附剂的物质是（　　）。
A. 硅胶　　B. 氧化铝　　C. 聚酰胺　　D. 羧甲基纤维素钠

5. 下列有关硅胶的叙述不正确的是（　　）。
A. 对组分的吸附作用属于物理吸附　　B. 一般显酸性
C. 对非极性物质具有较强的吸附力　　D. 含水量越多，吸附力越小

6. 以下既可以当固体吸附剂又可以当固定液的载体的是（　　）。

A. 硅胶   B. 氧化铝   C. 聚酰胺   D. 滤纸

7. 硅胶吸附柱色谱常用的洗脱方式是（   ）。

A．洗脱剂无变化   B．极性梯度洗脱

C．碱性梯度洗脱   D．酸性梯度洗脱

8. 纸色谱所运用的原理是（   ）。

A. 吸附   B. 分配   C. 离子交换   D. 凝胶过滤

9. 原理为分子筛的色谱是（   ）。

A．离子交换色谱   B．凝胶过滤色谱

C．聚酰胺色谱   D．硅胶色谱

10. 液-液分配柱色谱用的载体主要有（   ）。

A. 硅胶   B. 聚酰胺

C. 硅藻土   D. 纤维素粉

二、填空题

1. 按流动相的物态可将色谱法分为____和_____，前者的流动相为____，后者的流动相为_____。

2. 吸附色谱法常选用的吸附剂有____、____、____和____等。

三、简单题

1. 色谱法按原理可分为哪几类？按操作形式可分为哪几类？

2. 简述液-固吸附柱色谱法的原理和操作过程。

3. 纸色谱法的分离原理是什么？

实验能力训练七

氧化铝柱色谱法分离植物色素

【仪器及用具】

研钵；布氏漏斗；层析柱；圆底烧瓶；抽滤瓶；分液漏斗；剪刀；烧杯；铁架台；锥形瓶；胶头滴管等。

【试剂和药品】

无水硫酸钠；蒸馏水；脱脂棉；海沙；中性氧化铝；乙醇；石油醚（60～90℃）；丙酮；菠菜叶等。

【实验内容及操作过程】

序号	步骤	操作方法及说明	操作注意事项
1	菠菜色素的提取	称取 5g 洗净的新鲜菠菜叶，用剪刀剪碎并与约 15mL 石油醚/乙醇混合液（体积比是 3∶2）放入研钵中拌匀，研磨约 5min，然后用布氏漏斗抽滤菠菜汁，弃去滤渣（可以用同样的方法提取两次，合并滤液）。 将滤液转入分液漏斗，每次加入 15mL 水萃取两次，目的是除去萃取液中的乙醇。上层的石油醚层用无水硫酸钠干燥后滤入圆底烧瓶，在水浴上蒸去大部分石油醚至体积约为 1mL 为止	洗涤时要轻轻振摇，避免产生乳化现象
2	装柱	取一支洁净干燥的层析柱，下端铺一层脱脂棉，然后把色谱柱固定在铁架台上，将氧化铝（160～200 目，300～400℃活化 3～4h）通过玻璃漏斗缓缓加入色谱柱中，边装边轻轻敲打色谱柱，使填装紧密均匀，直至氧化铝高达 8cm。装完后在柱顶加上一层 0.5cm 高的海沙	色谱柱装填要紧密均匀，更不能有断层，否则影响分离效果
3	加样	打开层析柱下端活塞，用小烧杯从柱口沿管壁小心加入石油醚（切勿把氧化铝表面冲乱）。当柱顶尚留有 1～2mL 石油醚时关闭活塞，将菠菜素浓缩液用胶头滴管加入色谱柱中，加完后打开下端活塞，让液面下降到柱面以下 1mm 左右，关闭活塞，加石油醚数滴，打开活塞，使液面下降，经反复数次，使色素全部进入柱体	打开活塞释放溶液时不能让柱内液体的液面降至沙层以下，否则会使柱身干裂，影响分离效果
4	洗脱	首先用体积比 9∶1 的石油醚/丙酮溶液作洗脱剂。打开活塞，让洗脱剂逐滴放出，即层析开始进行，用锥形瓶收集洗脱剂。当第一个有色成分即将滴出时，换取另一锥形瓶收集，得橙黄色溶液，即胡萝卜素。接着用体积比 7∶3 的石油醚/丙酮溶液作洗脱剂，分出第二个黄色带，即叶黄素。再用体积比 1∶1 的石油醚/丙酮溶液作洗脱剂洗脱叶绿素 a（蓝绿色）和叶绿素 b（黄绿色）	为了不让相邻的 2 种色素混合在一起，及时更换锥形瓶

【实验数据记录及结果处理】

实验结果：得到 4 条色谱带溶液，分别是胡萝卜素、叶黄素、叶绿素 a 和叶绿素 b。

【学习结果评价】

序号	评价内容	评价标准	评价结果（是/否）
1	会对样品进行提取	能熟练掌握抽滤、过滤、萃取等技术对菠菜叶色素进行提取	
2	能掌握柱层析的操作技术	能熟练装柱、加样、洗脱	

【思考题】

1. 色谱柱中若装填不均匀会怎样影响分离效果？该如何避免？
2. 色谱柱下端为什么加入脱脂棉？上端为什么加入海沙？
3. 在分离过程中先下来的是极性大的物质还是极性小的物质？

项目七
薄层色谱技术

知识目标

（1）了解薄层色谱法的定义、分类。
（2）了解薄层色谱法的原理。
（3）掌握薄层色谱法在中药检测中的实际运用。

技能目标

熟悉薄层色谱法操作规范。

素质目标

（1）培养学生操作薄层色谱法实验的动手能力。
（2）培养学生利用薄层色谱法对样品进行定性和定量分析的能力。
（3）培养学生科学严谨的实验作风和熟练规范的实验技能。

任务一

认知薄层色谱法

任务清单 7-1
认知薄层色谱法

名称	任务清单内容
任务情景	《中国药典》（2020版，一部）中关于白芍的鉴别（2）的方法主要原理是什么
任务分析	通过学习《中国药典》（2020版，四部，通则0502）薄层色谱法的内容回答任务提出的问题
任务目标	1. 认知薄层色谱法 2. 掌握薄层色谱法的原理
任务实施	1. 薄层色谱法的定义及分类 2. 薄层板的制备及常见吸附剂 3. 点样技术 4. 展开及展开剂的配制 5. 显色及常见显色剂
任务总结	通过完成上述任务，你学到了哪些知识或技能

一、薄层色谱法的定义及常见吸附剂

（一）薄层色谱法的定义

薄层色谱法是将供试品溶液点于薄层板上，在展开容器内用展开剂展开，使供试品所含成分分离，所得色谱图与适宜的标准物质按同法所得的色谱图对比，亦可用薄层色谱扫描仪进行扫描，用于鉴别、检查或含量测定。

薄层色谱法在中药鉴别中应用最为广泛，具有以下特点：①分离能力强；②灵敏度高；③操作简单、速度快；④试样预处理简单；⑤上样量易于控制，幅度大。

（二）薄层板的分类

常用的薄层板有硅胶板、聚酰胺薄膜等。薄层板又分为预制板和自制板，其中预制板又称市售薄层板，有普通薄层板和高效薄层板之分，高效薄层板（HPTLC）所使用的固定相较普通薄层板平均粒度小、颗粒分布范围窄，因而在相对短的展开距离中可以达到更好的分离效果。如需对薄层色谱进行特别处理或化学改性，以适应供试品分离的要求时，通常选用实验室自制的薄层板。

（三）薄层色谱法的分离原理

根据分离原理不同，薄层色谱可以分为两类：用吸附剂铺成的薄层板所进行的色谱法为吸附薄层色谱法，常用吸附剂为氧化铝和硅胶；用支持剂铺成的薄层板所进行的色谱法为分配薄层色谱法，常用的支持剂为纤维素、硅胶和硅藻土等。

吸附薄层色谱法主要是利用吸附剂及展开剂对样品中成分吸附和解吸附能力的不同，使各成分分离。吸附作用主要由物体表面作用力、氢键、络合、静电引力、范德华力等产生，吸附强度取决于吸附剂的吸附能力，还受被吸附成分的性质影响，更与展开剂的性质有关。如硅胶薄层色谱中，样品中的两成分是两种结构相近的染料，在展开及四氯化碳的作用下，在吸附剂和展开剂之间不断产生吸附、解吸、再吸附、再解吸……由于对氨基偶氮苯的极性比偶氮苯的极性稍强一些，对氨基偶氮苯受到的吸附作用强于偶氮苯，从而将两者分离。

分配薄层色谱法是用极性溶剂吸附在固体支持剂上所形成的混合物铺成薄层板（或装柱），然后活化、点样（或上样），再用极性较弱的展开剂（或洗脱剂）进行展开。分配薄层色谱法的一般原理是在展开过程中，各成分在固定相和流动相之间作连续不断的分配，由于各成分在两相间的分配系数不同，因而可以达到相互分离的目的。

二、薄层板的制备及常见吸附剂

（一）薄层板的制备和处理

1. 预制薄层板

临用前一般应在110℃活化30min，聚酰胺薄膜不需活化。铝基片薄层板或聚酰胺薄膜均可根据需要裁剪，但需注意裁剪后的薄层板底边不得有破损，如在储放期间被空气中杂质污染，使用前可用甲醇、二氯甲烷与甲醇的混合溶剂在展开容器中上行展开预洗，取出，晾干，110℃活化后置干燥器中备用。如需对薄层板进行化学改性，可浸入改性溶剂中数秒，取出，晾干，活化后使用。

2. 自制薄层板

除另外规定外，应采用大小为20cm×20cm、10cm×20cm或10cm×10cm等规格的光滑平整玻璃板进行涂布。涂布时，将1份固定相和3份水或0.2%～0.5%羧甲基纤维素钠水溶液（取羧甲基纤维素钠适量，加水适量，放置使膨胀，加热煮沸使完全溶解，放置，取上清液，即得）在研钵中沿同一方向研磨均匀，去除表面的气泡后，置玻璃板上使涂布均匀，或倒入涂布器中，在玻璃板上平稳地移动涂布器进行涂布（涂层厚度0.25、0.3或0.5mm）。改性薄层板可在自制薄层板中加入改性剂，或用改性剂浸渍薄层板制备。取涂布好的薄层板，置水平台上于室温下晾干后，在110℃活化30min，即置有干燥剂的干燥器中备用。使用前应检查其均匀度（可通过投射光和反射光检视），表面应均匀、平整、光滑，无麻点、无气泡、无破损、无污染。

（二）常用吸附剂

常用吸附剂有硅胶、氧化铝和聚酰胺等。

1. 硅胶

硅胶是吸附薄层色谱法中用的最多的一种固定相。硅胶的分离效率的高低与粒度、孔径及表面积等因素有关。粒度越小，均匀性越好，其分离效率越高。常用薄层色谱用硅胶的粒度为 10～40μm。比表面积大，意味着试样与固定相之间有更强的相互作用，即有较大的吸附力或较强的保留。

硅胶表面的 pH 约为 5，一般适合酸性和中性物质的分离，如有机酸、酚类、醛类等，因碱性物质能与硅胶作用，展开时易出现吸附、拖尾，甚至于停留在原点不动的现象。

薄层色谱常用硅胶有硅胶 H，硅胶 G 和硅胶 GF_{254} 等。硅胶 H 为不含黏合剂的硅胶，铺成硬板时需另加黏合剂。硅胶 G 由硅胶和煅石膏混合而成。硅胶 GF_{254} 含煅石膏，另含有一种无机荧光剂 $ZnSiO_4$-Mn（即锰掺杂硅酸锌），在 254nm 紫外线下呈强烈黄绿色荧光背景。此外，还有硅胶 GF_{365}、硅胶 HF_{254}、硅胶 $HF_{254+365}$（在 254 和 365nm 紫外线照射下都可以发射荧光）等。

2. 氧化铝

氧化铝也是一种常见的无机吸附剂，使用时一般可不加黏合剂，但有时也加断石膏或羧甲基纤维素钠等黏合剂。因制备和处理方法不同，氧化铝可分为中性（pH7.5）、碱性（pH9.0）和酸性（pH4.0）3 种。一般碱性氧化铝用来分离中性或碱性化合物，如生物碱、脂溶性维生素等，中性氧化铝适用于酸性及对碱不稳定的化合物的分离，酸性氧化铝可用于酸性化合物的分离。氧化铝的吸附性比硅胶弱，但它能显示出与硅胶不同的分离能力。某些在硅胶上不能分离的混合物，能在氧化铝上得到很好的分离。氧化铝的活性也与含水量有关（见表 7-1），含水量越高，活性越弱。

三、展开剂及选择

展开剂又称溶剂系统，是在平面色谱法中用作流动相的液体，可以是单一试剂或混合试剂。溶剂的性质不同是其分类的基础，溶剂分类是确定展开剂组成的基础。溶剂强度是指单溶剂或混合溶剂洗脱某种溶质的能力。在正相色谱中，它随溶剂极性的增加而增大；在反相色谱中则相反。以常用硅胶薄层色谱为例，主要溶剂的洗脱强度顺序为：正己烷＜环己烷＜四氯化碳＜甲苯＜氯仿＜二氯甲烷＜正丁醇＜异丙醇＜乙酸乙酯＜丙酮＜乙醇＜甲醇＜水。

常见展开剂的选择方法：三角形法。按照展开剂、固定相及被分离物质三者之间的相互影响，设计了三因素的组合，见图 7-1。如将三角形的一个顶点指向某一点，其他两个因素将随之自动地增加或减少，以帮助选择展开剂的极性或固定相的活度。例如用吸附薄层色谱分离极性化合物时，要选用活度级别大，即吸附活度小的薄层板及极性大的强洗脱剂展开，否则化合物不易被展开，R_f 值太小；而非极性化合物在吸附薄层色谱分离时要采用活度级别小，即吸附活度大的薄层板及非极性溶剂的弱洗脱剂展开。中等极性的化合物的分离则应采用中间条件展开，以得到的大多数斑点的 R_f 在 0.2～0.8 之间为宜。

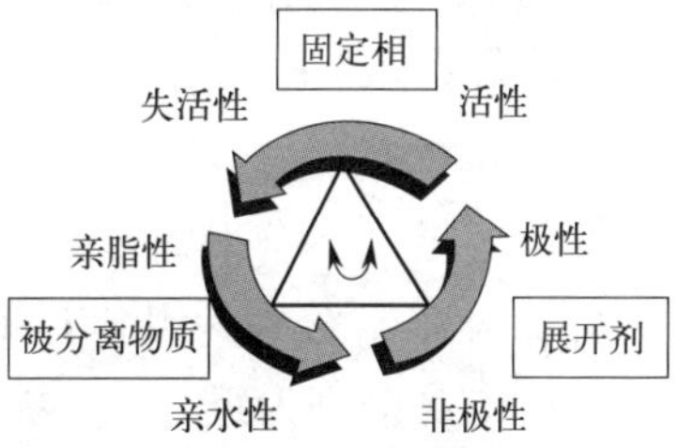

对于正相分配色谱，溶剂的极性及溶剂强度与吸附色谱相同，两者是平行的，溶剂的极性大、溶剂强度大，洗脱能力强，溶剂极性小，洗脱能力

图 7-1 三角形法

弱；对于反相分配色谱，则相反，极性大的溶剂，洗脱能力弱。因此在选择时必须注意，虽然这种方法比较粗略，但至少可以作为初步选择展开剂时的一种依据。

在吸附薄层板上往往先用单一的低极性溶剂展开，然后再按照溶剂洗脱顺序依次更换极性较大的溶剂进行试验，用单一溶剂不能分离时，可用两种以上的多元展开剂，不断地改变多元展开剂的组成和比例，因为每种溶剂在展开过程中都有其一定的作用，如：

① 展开剂中比例较大的溶剂极性相对较小，起溶解物质和基本分离的作用，一般称为底剂。

② 展开剂中比例较小的溶剂，极性较大，对被分离物质有较强的洗脱力，帮助化合物在薄层上移动，可以增大 R_f 值，但不能提高分辨率，可称为极性调节剂。

③ 展开剂中加入少量酸、碱，可抑制某些酸、碱性物质或其盐类的解离而产生斑点拖尾，故称之为拖尾抑制剂。

④ 展开剂中加入丙酮等中等极性溶剂，可促使不相混合的溶剂混溶，并可以降低展开剂的黏度，加快展速。

四、定性鉴定依据

薄层色谱的定性参数主要包括比移值与相对比移值、分离度等参数，对展开分离效果进行评价，在实际应用中主要通过比移值来衡量。

（一）比移值（R_f）

比移值是溶质移动距离与流动相移动距离之比，是平面色谱法的基本定性参数。

$$R_f = \frac{L}{L_0}$$

如图 7-2 所示，L_0 为基线到溶剂前沿的距离，$L_{红色斑点}$ 为原点至红色斑点中心的距离，$L_{绿色斑点}$ 为原点至绿色斑点中心的距离。在实际操作中要求 R_f 值应在 0.2～0.8 之间为宜，最佳范围是 0.3～0.5。

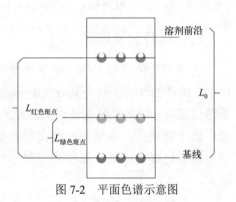

图 7-2 平面色谱示意图

（二）相对比移值（R_r）

由于影响 R_f 值的因素很多，R_f 值重现性比较差，研究发现相对比移值的重现性和可比性均比 R_f 值好，可作为重要参考数据。

计算公式如下：

$$R_r = \frac{R_{f(i)}}{R_{f(s)}} = \frac{L_i}{L_s}$$

$R_{f(i)}$ 和 $R_{f(s)}$ 分别为组分 i 和参考物质 s 在同一色谱平面上、在同一展开条件下所测得的 R_f 值，L_i 和 L_s 分别为组分 i 和参考物质 s 在同一色谱平面上、在同一展开条件下的移行距离。由于参考物质与组分在完全相同的条件下展开，能消除系统误差，因此 R_r 值的重现性和可比性均比 R_f 值好。参考物质是加入试样中的纯物质或试样中的某一已知组分。由于不同组分和参考物质移行距离不定，因此，R_f 值不同，R_r 值可以大于1，也可以小于1。

(三)分离度(R)

分离度是衡量薄层色谱分离效果的重要指标,是指相邻两斑点中心至原点的距离之差与两斑点平均径向宽度(径向宽度是指斑点沿着展开方向的宽度)的比值,即:

$$R = \frac{l_2-l_1}{(W_1+W_2)/2} = \frac{2(l_2-l_1)}{W_1+W_2}$$

分离度示意图见图 7-3,W_1、W_2 分别为紫色斑点和蓝色斑点的直径,l_1 和 l_2 分别为紫色斑点和蓝色斑点中心至原点的距离。《中国药典》(2020 版,一部)规定,除另有规定外,分离度应大于 1.0。

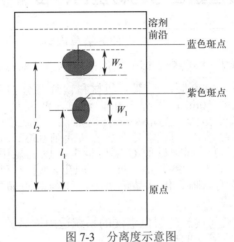

图 7-3 分离度示意图

五、定量方法

薄层定量方法可分为两大类,即洗脱法和直接定量法。

1. 洗脱法

洗脱法是将斑点中的组分用溶剂洗脱下来,再用适当的方法进行定量测定的方法。此法需将斑点预先定位。采用显色剂定位时,可在试样两边同时点上待测组分的对照品作为定位标记,展开后只对两边对照品喷洒显色剂,由对照品斑点位置来确定未显色的试样待测斑点的位置。

2. 直接定量法

试样经薄层色谱分离后,可在薄层板上对斑点进行直接测定。直接定量法有目视比较法和薄层扫描法两种。目视比较法操作简单,即将一系列已知浓度的对照品溶液与试样溶液点在同一薄层板上,展开并显色后比较试样斑点与对照品斑点的颜色即可。

薄层扫描法系指用一定波长的光照射在薄层板上,对薄层色谱中可吸收紫外线或可见光的斑点,或经激发后能发射出荧光的斑点进行扫描,将扫描得到的图谱及积分数据用于鉴别、检查或含量测定。扫描方法可采用单波长扫描或双波长扫描。薄层色谱扫描定量测定应保证供试品斑点的量在线性范围内,必要时可适当调整供试品溶液的点样量,供试品与标准物质同板点样、展开、扫描、测定和计算。

任务二

运用薄层色谱法对白芍药材进行鉴别

任务清单 7-2
运用薄层色谱法检验白芍药材是否符合《中国药典》要求

名称	任务清单内容
任务情景	某饮片厂采购一批白芍，请你采用薄层色谱法对该批白芍进行鉴别
任务分析	《中国药典》（2020版，一部）药材和饮片部分白芍药材的鉴别：取本品粉末 0.5g，加乙醇 10mL，振摇 5min，滤过，滤液蒸干，残渣加乙醇 1mL 使溶解，作为供试品溶液。另取芍药苷对照品，加乙醇制成每 1mL 含 1mg 的溶液，作为对照品溶液。照薄层色谱法（通则 0502）试验，吸取上述两种溶液各 10μL，分别点于同一硅胶 G 薄层板上，以三氯甲烷-乙酸乙酯-甲醇-甲酸（40：5：10：0.2）为展开剂，展开，取出，晾干，喷以 5% 香草醛硫酸溶液，加热至斑点显色清晰。供试品色谱中，在与对照品色谱相应的位置上，显相同的蓝紫色斑点
任务目标	1. 熟悉《中国药典》薄层色谱法的系统适用性试验 2. 掌握薄层色谱法的操作规范 3. 会对薄层色谱法的实验结果做出正确的结果判断及规范书写实验报告
任务实施	1. 依据《中国药品检验标准操作规范》2019 年版规定检查薄层色谱法系统适用性试验 2. 薄层色谱法的操作步骤 3. 正确书写实验报告
任务总结	通过完成上述任务，你学到了哪些知识或技能

一、薄层色谱法的操作步骤

以白芍薄层鉴别为实例，介绍薄层色谱法的主要操作步骤。

（一）薄层板的制备或选择

可以自制薄层板，也可以购买市售薄层板。市售薄层板主要有硅胶 G 板和硅胶 GF_{254} 板，两种板外观一样，无法肉眼鉴别，通常选用三用紫外仪：硅胶 G 板无现象，硅胶 GF_{254} 板有绿色荧光。白芍薄层鉴别依据《中国药典》要求选用的是硅胶 G 板。

将选用好的硅胶 G 板，根据实际需要分割成适当大小，置于烘箱中，调节温度为 110℃，活化 30min，取出，置干燥器中放冷备用。

（二）对照品溶液的配制

配制浓度为 1mg/mL 的芍药苷对照品 5mL。操作步骤流程图见图 7-4。

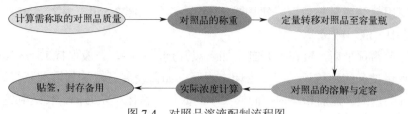

图 7-4　对照品溶液配制流程图

(三) 供试品溶液的配制

取本品粉末 0.5g，加乙醇 10mL，振摇 5min，滤过，滤液蒸干，残渣加乙醇 1mL 使溶解，作为供试品溶液。操作步骤流程图见图 7-5。

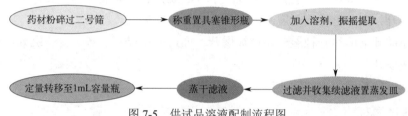

图 7-5　供试品溶液配制流程图

(四) 点样

（1）取活化处理后的薄层板，除另有规定外，在洁净干燥的环境中用铅笔划线、描点，基线距底边 10～15mm，高效薄层板一般基线离底边 8～10mm。点间距离可视斑点扩散情况以相邻斑点互不干扰为宜，一般不少于 8mm，高效薄层板供试品间隔不少于 5mm，划线、描点时注意勿损伤薄层表面。

（2）用专用毛细管或配合相应的半自动、自动点样器械点样于薄层板上，一般为圆点状或窄细的条带状。圆点状直径一般不大于 4mm，高效薄层板一般不大于 2mm；接触点样时注意勿损伤薄层表面。条带状宽度一般为 5～10mm，高效薄层板条带宽度一般为 4～8mm，点间（条带间）距离可视斑点扩散情况以相邻斑点互不干扰为宜。手工点样时毛细管应垂直拿，快速接触硅胶面后立即脱离，如蜻蜓点水，要做到"快、准、稳"，防止斑点扩散过大。见图 7-6。

（3）用吸耳球或吹风机冷风及时吹干样品斑点，防止试剂斑点扩散而影响实验结果的判断。

（4）点样结束后，应将点好样品的薄层板置干燥器中待用。

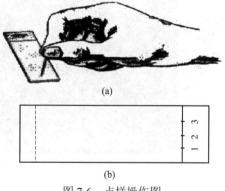

图 7-6　点样操作图

(五) 展开剂的配制及展开

（1）确定展开剂配制体积。按照《中国药典》要求白芍的薄层鉴别展开剂为：三氯甲烷 - 乙酸乙酯 - 甲醇 - 甲酸（40∶5∶10∶0.2）。展开剂的配制体积一般控制在 10～30mL，因此各展开剂同时缩小一半，按照 20∶2.5∶5∶0.1 进行量取，总体积确定为 27.6mL。

（2）分别用量筒或量杯量取三氯甲烷20mL、乙酸乙酯2.5mL、甲醇5mL、甲酸0.1mL置50mL烧杯中，混匀即得。

（3）展开前需预平衡，可在展开缸中加入展开剂，密闭，一般保持15～30min。随后，迅速放入载有供试品的薄层板，立即密闭，展开。如需使展开缸达到溶剂蒸气饱和的状态，则须在展开缸的内侧一侧放置与内壁同样大小的滤纸，密闭一定时间，使达到饱和再如法展开。这样做主要是为了避免出现边缘效应。

（4）将点好样的薄层板放入展开缸中，浸入展开剂的深度为距原点5mm为宜，密闭。待展开至规定的距离（一般上行展开8～15cm，高效薄层板上行展开5～8cm）。取出薄层板，晾干。

展开的方式多种多样，有上行法展开、下行法展开、径向展开等。展开可向一个方向进行，即单向展开；亦可进行双向展开，即先向一个方向展开，取出，晾干后，将薄层板转动90°，再用原展开剂或另一种展开剂进行展开；亦可多次展开。对于复杂组分，可以采用双向展开、多次展开。

上行法展开比较常用，如图7-7。

（六）注意事项

在展开过程中会出现边缘效应和拖尾现象，产生的原因以及解决方法如下。

1. 边缘效应

薄层色谱实验经常会遇到如图7-8所示的现象，即薄层板两边的斑点比中间的斑点"跑得快"，我们把这种现象称为"边缘效应"。

图7-7　上行法展开

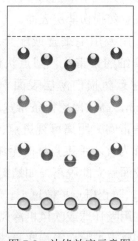

图7-8　边缘效应示意图

为什么会出现"边缘效应"呢？研究发现，"边缘效应"只在混合试剂的展开剂中出现，单一试剂未发现此现象。这是因为当用混合试剂展开时，由于展开缸内未用展开剂蒸气饱和，在展开过程中极性较弱和沸点较低的试剂在薄层板的边缘较易挥发，导致薄层板边缘展开剂总体极性偏大，展开剂的洗脱能力增强，R_f值增大。

如果产生边缘效应，只需用展开剂将展开缸及薄层板饱和后再进行展开就可以消除，饱和时间的长短因展开剂极性以及比例不同而异。

2. 拖尾现象

薄层展开后得到的斑点总有个"尾巴"的现象，如图 7-9，我们称之为拖尾现象。产生拖尾现象的原因很多，大致分为以下几种情况：

（1）因为化合物含有强极性基团，硅胶对样品的吸附过于强烈，使得某些样品在硅胶中的停留时间分布范围较宽。

针对上述原因，可通过对薄层板进行酸化或碱化处理，或在展开剂中加入酸碱溶剂形成竞争吸附而避免拖尾。

（2）点样量过大。可采用降低点样量，防止过载的方式避免拖尾。

（3）展开剂对样品溶解性差。建议更换或调整展开剂系统，增加展开剂对样品的溶解。

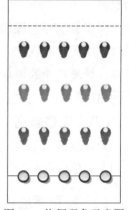

图 7-9 拖尾现象示意图

（七）斑点定位

晾干后的薄层板需要确定组分在薄层板上的位置，即斑点定位。斑点定位的方法主要有以下几种。

1. 光学法

（1）化合物本身是有颜色的，在阳光下可以直接看出斑点定位。

（2）有些化合物能吸收某些波长的光，发射更长波长的光，而显出不同颜色的荧光。可以在波长为 254nm 和 365nm 的紫外灯下观察，以紫外吸收或荧光色斑斑点定位。

（3）如果采用硅胶 GF_{254} 板，则在 254nm 紫外灯照射下薄层板有绿色荧光出现，这样也可以对斑点进行定位。

2. 显色剂法

可将显色剂直接由喷雾器喷洒在硬板上，立即显色或加热至一定温度显色。除了喷雾法外，也可用浸渍法处理薄层板：将薄层板的一端轻轻浸入显色剂中，待显色剂扩散到全部薄层板，或者将薄层板全部浸入显色剂中，取出晾干，使生成颜色稳定、轮廓清晰、灵敏度高的色斑。浸渍法对软板不适用。

显色剂有通用型和专用型两种。通用型显色剂有碘、硫酸溶液、香草醛溶液、碘化铋钾溶液和荧光黄溶液等。碘能使许多化合物显色，如生物碱、氨基酸衍生物、肽类、脂类及皂苷。它的最大特点是与物质的反应是可逆的，当碘升华挥发后，斑点便于进一步处理。10%硫酸乙醇溶液使大多数有机化合物呈有色斑点，如红色、棕色、紫色等，在炭化以前，不同的化合物将出现一系列颜色的改变，被炭化的化合物常出现荧光。

专用显色剂是指对某个或某一类化合物显色的试剂，如三氯化铁的高氯酸溶液可使吲哚类生物碱显色；茚三酮则是氨基酸和芳香族伯胺的专用显色剂；溴甲酚绿可使羧酸类物质显色。

《中国药典》中白芍薄层鉴别是用 5% 香草醛硫酸溶液作为显色剂进行斑点定位。操作步骤如下：

（1）根据实验需要选择配制合适体积的香草醛硫酸溶液，计算配制 5% 香草醛硫酸溶液所需溶质香草醛的质量。

（2）取香草醛试剂，加硫酸适量溶解，定量转移至量瓶中，加硫酸适量定容至刻度，摇匀即得。

薄层板的显色操作：取出展开好的薄层板，晾干或用吹风机冷风吹干，喷以 5% 香草醛硫酸溶液，105℃加热至斑点显色清晰。注意，不要因加热时间过长导致薄层板熏黑而掩盖了正常的斑点颜色。

（八）定性鉴别

对比展开后的供试品是否与对照品在相同的位置上，显相同的蓝紫色斑点，如图 7-10。

二、检查薄层色谱法系统适用性试验

《中国药典》要求采用薄层色谱法进行样品定性、定量分析前，首先对色谱条件进行系统适用性试验，即用样品和对照品对色谱条件进行试验和调整，应达到规定的检测限、比移值、分离效能以及相对标准偏差。

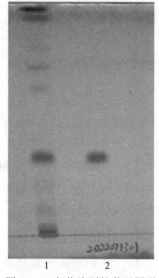

图 7-10 白芍鉴别的薄层图谱
1—供试品；2—对照品

（一）检测限

检测限是指限量检查或杂质检查时，样品溶液中被测物质能被检出的最低浓度或量。一般采用供试品溶液或对照品溶液，与稀释若干倍的自身对照品溶液在规定的色谱条件下，于同一薄层板上点样、展开、检视，后者应显清晰的斑点的浓度或者量作为检测限。

（二）比移值 R_f

除另有规定外，杂质检查时，各杂质斑点的比移值 R_f 以在 0.2～0.8 之间为宜。

（三）分离度（或称分离效能）

鉴别时，供试品与标准物质色谱中的斑点，应清晰分离。当薄层色谱扫描法用于限量检查和含量测定时，要求定量峰与相邻峰之间有较好的分离度，分离度（R）的计算公式为：

$$R = 2(d_2 - d_1)/(W_1 + W_2)$$

式中　d_2——相邻两峰中后一峰与原点的距离；
　　　d_1——相邻两峰中前一峰与原点的距离；
W_1，W_2——相邻两峰各自的峰宽。

除另有规定外，分离度应大于 1.0。

在进行化学药品杂质检查的方法选择时，可将杂质对照品用供试品自身稀释的对照溶液溶解制成混合对照溶液，也可将杂质对照品用待测组分的对照品溶液溶解制成混合对照标准溶液，还可采用供试品以适当的降解方法获得的溶液，上述溶液点样展开后的色谱图中，应显示清晰分离的斑点。

（四）相对标准偏差

薄层扫描含量测定时，同一供试品溶液在同一薄层板上平行点样的待测成分的峰面积测量值的相对标准偏差应不大于 5.0%；需显色后测定的或者异板的相对标准偏差不大于 10.0%。

知识测试与能力训练

一、选择题

1. 关于薄层色谱常用的固定相的颗粒大小,一般要求粒径为( )。
   A.10～40μm   B.20～50μm   C.5～40μm   D.40～60μm

2. 自制薄层板的厚度为( )。
   A.0.2～0.3mm   B.0.1～0.3mm   C.0.3～0.5mm   D. 不得超过 0.5mm

3. 硅胶薄层板的活化条件是( )。
   A.80℃烘 30min   B.110℃烘 30min   C.500℃烘 30min   D.600℃烘 30min

4. 在进行薄层色谱展开时,常出现"边缘效应"现象,出现这一现象的主要原因是( )。
   A. 薄层板两侧展开剂的移动速度慢   B. 环境温度不恒定
   C. 展开室未用展开剂充分饱和   D. 展开剂系统组成不合理

5. 原点到斑点中心的距离与原点到溶剂前沿线的距离的比值称为( )。
   A. 相对比移值   B.R_f 值   C. 分离度   D. 间距值

6. 在薄层色谱中,以硅胶为固定相,有机溶剂为流动相,迁移速度快的组分是( )。
   A. 极性大的组分   B. 极性小的组分   C. 挥发性大的组分   D. 挥发性小的组分

7. 不可用作吸附薄层色谱法的吸附剂有( )。
   A. 凝胶   B. 硅胶   C. 聚酰胺   D. 氧化铝

8. 使两组分的相对比移值发生变化的主要原因是( )。
   A. 改变薄层厚度   B. 改变固定相粒度
   C. 改变展开温度   D. 改变展开剂组成或配比

二、计算题

1. 化合物 A 在薄层板上从原点迁移 7.6cm,溶剂前沿距原点 16.2cm。(1)计算化合物 A 的 R_f 值。(2)在相同的薄层系统中,溶剂前沿距原点 14.3cm,化合物 A 的斑点应在此薄层板上何处?

2. 经薄层分离后,组分 A 的 R_f 值为 0.35,组分 B 的 R_f 值为 0.56,展开剂的前沿距原点为 10.0cm,求 A 和 B 两组分色谱斑点之间的距离。

实验能力训练八

板蓝根薄层鉴别

【仪器及用具】

烘箱;千分之一天平;十万分之一天平;超声波清洗器;点样毛细管;吹风机;量筒

25mL；漏斗；量筒 10mL；烧杯 100mL；吸耳球；洗瓶（配蒸馏水）；滤纸等。

【试剂和药品】

稀乙醇；板蓝根及其对照药材；精氨酸对照品；硅胶 G 板；正丁醇；冰乙酸；茚三酮试液等。

【实验内容及操作过程】

序号	步骤	操作方法及说明	操作注意事项
1	对照品溶液的配制	（1）溶质计算：计算需称取对照品质量 $m_{配制对照品所需质量} = c_{对照品} \times V_{预配制对照品溶液体积}$ =1mg/mL×5mL =5mg （2）调零：将称量纸对折后展开，放在十万分之一天平的托盘上，调零。 （3）称取对照品约 5mg，按去皮键调零除去盛有对照品的称量纸重，取下称量纸，将对照品倒入 5mL 容量瓶后，再放入称量，显示的数值的绝对值即为所称取的对照品重量 （4）定容：用稀乙醇将对照品全部溶解后定容，摇匀即得。 （5）贴签封存：计算配制的对照品实际浓度，贴签，封存备用。 （6）浓度计算： $c_{对照品溶液} = \dfrac{m_{对照品称样量} \times s_{对照品纯度}}{V_{对照品定容体积}}$ $= \dfrac{4.95mg \times 100\%}{50mL}$ =0.99mg/mL	单位换算；将滤纸放到天平托盘的中央位置；干燥剂应保持有效状态；操作人员要戴手套；正确读取天平称量数值；数据记录要规范；务必将对照品全部转移至容量瓶中，称量纸要用试剂冲洗，胶头滴管切勿接触滤纸或对照品溶液
2	供试品溶液的制备	（1）取药材，按照要求粉碎过二号筛； （2）用千分之一天平称取药材粉末 0.5g，记录数据 $m_{样}$ 将粉末置 150mL 具塞锥形瓶中； （3）量取稀乙醇溶液 10mL，置 150mL 具塞锥形瓶中，振摇 5min； （4）过滤，弃去初滤液，收集续滤液于蒸发皿中； （5）滤液蒸干，用胶头滴管洗涤蒸发皿，转移至 1mL 容量瓶中，摇匀即得	粉碎药材时要全部粉碎通过二号筛，注意药粉的均匀性；具塞锥形瓶使用前要干燥；过滤要取续滤液；滤液蒸干后转移容量瓶时要求定量转移完全
3	点样	（1）取活化处理后的薄层板，在洁净干燥的环境中用铅笔划线、描点，基线距底边 10～15mm。点间距离一般不少于 8mm，划线、描点时注意勿损伤薄层表面。 （2）点样用专用毛细管点样于薄层板上，圆点状直径一般不大于 4mm，接触点样时注意勿损伤薄层表面。 （3）用吸耳球或吹风机冷风及时吹干样品斑点，防止试剂斑点扩散而影响实验结果的判断。 （4）点样结束后，应将点好样品的薄层板置展开缸中预饱和	110℃活化薄层板；划线描点用铅笔，注意不要划伤薄层板的硅胶面；注意点样量的准确性；每次点样后要及时吹干，防止斑点扩散过大。上样后的薄层板及时放入干燥器
4	展开	（1）确定展开剂配制体积。按照《中国药典》要求，板蓝根的薄层鉴别展开剂为正丁醇-冰乙酸-水（19:5:5），确定展开剂的配制体积 29mL。 （2）分别用量筒取正丁醇 19mL、冰乙酸 5mL、水 5mL 置 50mL 烧杯中，混匀即得。 （3）展开前需预平衡，可在展开缸中加入展开剂，密闭，一般保持 15～30min。 （4）将点好样的薄层板放入展开缸中，浸入展开剂的深度为距原点 5mm 为宜，密闭。待展开至 7～9cm。取出薄层板，晾干	注意展开体系的预饱和，减小边缘效应；展开剂的配制要准确；展开距离要适中

续表

序号	步骤	操作方法及说明	操作注意事项
5	显色	（1）配制茚三酮试液： （2）喷以茚三酮试液（喷瓶）； （3）在105℃加热至斑点显色清晰	显色剂的配制要严格按照标准规定操作；显色时注意温度和时间

【实验数据记录及结果处理】

1. 数据记录

仪器：_____型电子天平　　编号：_____

供试品溶液的制备：取本品粉末_____g，加稀乙醇20mL，超声处理20min，滤过，滤液蒸干，残渣加稀乙醇1mL使溶解，作为供试品溶液。对照品溶液的制备：取板蓝根对照药材0.5g，同法制成对照药材溶液。再取精氨酸对照品，加稀乙醇制成每____含____的溶液，作为对照品溶液。

点样：吸取上述三种溶液各1～2μL，分别点于同一硅胶G薄层板上。展开：正丁醇-冰乙酸-水（19∶5∶5）为展开剂。

显色：喷以茚三酮试液，在105℃加热至斑点显色清晰。

结果判断：供试品色谱中，在与对照药材色谱和对照品色谱相应的位置上，是否显相同颜色的斑点。

手工绘制薄层板图（铅笔图）

2. 实验结果

结果：_____规定

【学习结果评价】

序号	评价内容	评价标准	评价结果（是/否）
1	能准确地配制对照品溶液	容量瓶、移液管（或吸量管）的正确使用，溶液配制的正确步骤	
2	能正确操作烘箱、天平、超声机等仪器设备	正确使用操作仪器，进行参数设置、数据保存	
3	能规范填写试验记录	能正确绘出薄层图谱，并对结果做出正确判断	

【思考题】

1. 什么是续滤液？
2. 展开剂的极性大小是否影响斑点位置的高低，如何影响？
3. 薄层板使用之前为什么要进行活化处理，如何处理？

项目八
气相色谱技术

知识目标

（1）了解气相色谱法的基本原理、基本理论和基本术语。
（2）熟悉气相色谱仪的组成结构。
（3）熟悉气相色谱法定性与定量分析方法。

技能目标

（1）学会气相色谱仪操作使用技术。
（2）了解气相色谱仪使用过程注意事项及维保事项。
（3）掌握气相色谱仪期间核查方法。

素质目标

（1）使学生具备一定的理论知识。
（2）培养学生熟练操作气相色谱仪的实践能力。
（3）培养学生应用气相色谱法解决实际生产问题的能力。
（4）培养学生科学严谨、精益求精、实事求是的科学态度和规范标准的实验技能。

任务一

认知气相色谱法

任务清单 8-1
认知气相色谱法

名称	任务清单内容
任务情景	学习《中国药典》（2020版，四部，通则0521）气相色谱法
任务目标	认知气相色谱技术
任务实施	1. 气相色谱法概述 2. 气相色谱法的基本术语 3. 气相色谱法和基本理论
任务总结	通过完成上述任务，你学到了哪些知识或技能

一、气相色谱法概述

气相色谱法是以气体为流动相的色谱分析方法。具有分离效能高、灵敏度高、选择性好、分析速度快、用样量少等特点，还可制备高纯物质。适用于鉴别及测定含挥发性组分、热稳定、常温下为气体或者高温下气化的物质的含量，如《中国药典》收载的樟脑、薄荷脑、冰片等物质；也适用于含有甲醇、乙醇的酒剂和酊剂等中药制剂；还可适用于中药材、农产品中的农药残留、溶剂残留等物质含量。使用范围较广，检测快速、准确，广泛应用于农产品、中药材检测。但也具有一定的局限性，如不适于高沸点、难挥发、热稳定性差的高分子化合物和生物大分子化合物分析，因此在实际应用中要选择合适的分析对象，以防止检测结果的偏差和对仪器的损害。

气相色谱法是根据气化后的试样被载气带入色谱柱，由于组分在两相之间的作用力不同，它们在色谱中的流动速度也不同，经过一定长度的色谱柱各组分实现分离，在载气的带动下依次进入检测器，各组分浓度或质量变化转换成电信号记录成色谱图，利用色谱峰保留值进行定性分析，利用峰面积或者峰高进行定量分析的方法。

二、气相色谱技术基本术语

混合物经色谱柱分离后，在柱后安装一个检测器，用于检测被分离的组分，所检测到的相应信号对时间作图得到的曲线称为色谱图，又称色谱流出曲线，通常是浓度 - 时间曲线。理想的色谱流出曲线应该是正态分布曲线。如图 8-1。

（一）基线

待气相色谱操作条件稳定后，没有样品通过时检测器所反映的信号 - 时间曲线称为基线。

它反映检测系统噪声随时间变化的情况,稳定的基线应是一条水平直线。

(二)色谱峰

色谱流出曲线上(图 8-1)凸起部分称为色谱峰,每个色谱峰至少代表一个样品组分。

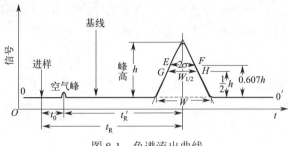

图 8-1 色谱流出曲线

1. 峰高 h 和峰面积 A

峰高 h:色谱峰最高点至基线的垂直距离。

峰面积 A:组分的色谱峰与基线所包围的面积。

2. 峰宽

色谱峰的宽度是色谱流出曲线中很重要的参数,它直接和分离效率有关。描述色谱峰宽有三种方法。

(1)标准偏差 σ:峰高 0.607 倍处的色谱峰宽的一半。σ 值的大小表示组分离开色谱柱的分散程度。σ 值越大,流出的组分越分散,分离效果越差;反之组分流出越集中,分离效果越好。

(2)半峰宽 $W_{1/2}$:峰高一半处色谱峰的宽度。见图 8-1 中的 GH。

$$W_{1/2}=2.354\sigma$$

(3)峰底宽度 W:通过色谱峰两侧的拐点做切线,在基线上的截距,又称峰宽,如图 8-1 中的 W。

$$W=4\sigma$$

$W_{1/2}$ 与 W 都是由 σ 派生而来的,都可以用来衡量柱效。半峰宽测量较方便,最为常用。

3. 拖尾因子 T

理论上,色谱峰是左右对称的正态分布曲线,但很多情况下色谱峰是非对称的。可以用拖尾因子来衡量(图 8-2),计算公式为

$$T=\frac{W_{0.05h}}{2d_1}$$

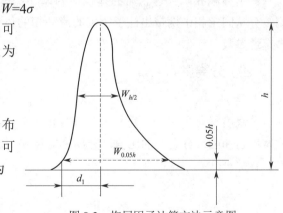

图 8-2 拖尾因子计算方法示意图

式中,$W_{0.05h}$ 为 0.05 峰高处的峰宽;d_1 为峰极大值至峰前沿之间的距离。

色谱峰按照 T 值大小分类:$0.95 < T < 1.05$,色谱峰为正常峰;$T > 1.05$,为拖尾峰;

$T < 0.95$,为前伸峰。

(三)保留值

1. 保留时间 t_R

从进样到色谱柱后出现待测组分信号极大值所需要的时间。当色谱条件不变时,组分的 t_R 为定值,因此,保留时间是色谱法的基本定性参数。

2. 死时间 t_0

从进样开始到惰性组分(不被固定相吸附或溶解的空气或甲烷)出现峰极大值所需的时间。

3. 调整保留时间 t'_R

调整保留时间为扣除了死时间后的保留时间,即:$t'_R = t_R - t_0$。调整保留时间体现的是组分在柱中被吸附或溶解的时间。因其扣除了与组分性质无关的 t_0,所以作为定性指标比保留时间 t_R 更合理。

4. 保留体积 V_R

从进样到产生待测组分信号极大值所需要的气体体积称为保留体积。当色谱条件不变时,组分的 V_R 为定值,因此,保留体积也是色谱法的基本定性参数。

$$V_R = t_R F_0$$

式中,F_0 为载气流速,mL/min。

5. 死体积 V_0

由进样器至检测器的流路中,未被固定相占有的空隙体积称为死体积。死体积大,色谱峰扩张(展宽),柱效降低。

$$V_0 = t_0 F_0$$

6. 调整保留体积 V'_R

保留体积扣除死体积后的体积称为调整保留体积,即 $V'_R = V_R - V_0$。它真实地反映了将待测组分从固定相中携带出柱子所需的流动相的体积。调整保留体积和调整保留时间均属于色谱定性参数。

(四)分离度

1. 定义

分离度又称分辨率,符号 R。指相邻两组分色谱峰的保留时间之差与两组分色谱峰的基线宽度之和的二分之一的比值。分离度能反映不同组分的实际分离效果。

计算公式:

$$R = \frac{t_{R_A} - t_{R_B}}{(W_A + W_B)/2} = \frac{2(t_{R_A} - t_{R_B})}{W_A + W_B} \tag{8-1}$$

式中,t_{R_A},t_{R_B} 分别为组分 A,B 的保留时间;W_A,W_B 分别为组分 A,B 的峰宽。由式 (8-1) 可以看出,两组分的保留时间相差越大且色谱峰越窄,分离效果越好。

2.分离度与峰分离的关系

一般来说,当 $R<1$ 时,色谱峰部分重叠;当 $R=1$ 时,两峰基本分离,分离度可到98%;当 $R=1.5$ 时,两峰完全分离,分离度可到99.7%,见图8-3。故用 $R=1.5$ 作为相邻两峰完全分开的标志。

综上,根据色谱峰的信息可解决的问题有:根据色谱峰的个数,可判断样品所含的最少组分数;根据色谱峰的保留值,可以进行定性分析;根据色谱峰的面积或峰高,可以进行定量分析;色谱峰的保留值及其峰宽是评价色谱柱分离效能的依据;色谱峰两峰间的距离,是评价固定相(或流动相)选择是否合适的依据。

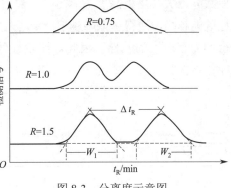

图8-3 分离度示意图

三、基本原理

(一)分配系数

色谱分离是基于试样组分在固定相和流动相之间反复多次的分配过程,这种分配过程常用分配系数来描述。

分配系数是指在一定的温度和压力下,达到分配平衡时待测组分在固定相(s)和流动相(m)中的浓度之比,其表达式为:

$$K=c_s/c_m$$

分配系数 K 取决于组分及两相的性质,并随柱温、柱压变化而变化,与柱中固定相和流动相的体积无关,是组分的特征常数。

分配系数小的组分,在固定相中停留时间短,较早流出色谱柱;分配系数大的组分在流动相中的浓度较小,移动速度慢,在柱中停留时间长,较迟流出色谱柱。因此,分配系数与保留时间成正比。不同物质的分配系数相同时,它们不能分离。色谱柱中不同组分能够分离的先决条件是其分配系数不等,两组分分配系数相差越大,分离得就越好。

(二)塔板理论

塔板理论是描述色谱柱中组分在两相间的分配状况及评价色谱柱的分离效能的一种半经验式的理论。塔板理论是把色谱柱比作一个精馏塔,塔内装有许多块塔板,组分在每个塔板的气相和液相间进行分配,达成多次分配平衡。分配系数小的组分,先离开蒸馏塔(色谱柱),分配系数大的组分后离开蒸馏塔(色谱柱),从而使分配系数不同的组分彼此得到分离。该理论主要是通过计算理论塔板数来衡量柱效能。

理论塔板数

$$n=L/H$$

式中,L 为色谱柱长度;H 为理论塔板高度。

$$n=5.54(t_R/W_{1/2})^2=16(t_R/W)^2$$

式中,t_R 为某组分的保留时间;$W_{1/2}$ 为某组分色谱峰的半宽度;W 为色谱峰的峰底宽度。

柱子的理论塔板数与峰宽和保留时间有关。保留时间越大，峰越窄，理论塔板数就越多，柱效能也就越高。当色谱柱长度一定时，塔板数 n 越大（塔板高度 H 越小），被测组分在柱内被分配的次数越多，柱效能越高，所得色谱峰越窄。n 是人为的概念，所以用不同的方法测得的 n 有很大的差异。因此，比较柱效时，必须指出组分、进样量及操作条件等。

任务 8-1 知识锦囊

任务二

操作和使用气相色谱仪

任务清单 8-2
操作和使用气相色谱仪

名称	任务清单内容
任务情景	现有一台某品牌的气相色谱仪，请按照仪器操作规程操作使用该仪器
任务分析	要想正确地操作使用气相色谱仪，首先要知道仪器的结构组成，并学习仪器的使用方法
任务目标	1. 熟悉气相色谱仪的基本组成 2. 掌握气相色谱仪的使用方法 3. 掌握气相色谱仪使用过程注意事项 4. 会对气相色谱仪进行简单的维保
任务实施	1. 气相色谱仪的基本组成 2. 气相色谱仪的操作 3. 气相色谱仪的维护及注意事项
任务总结	通过完成上述任务，你学到了哪些知识或技能

一、气相色谱仪的基本结构组成

气相色谱仪是利用色谱分离技术和检测技术，对多组分的复杂混合物进行定性和定量分析的仪器。目前市场销售品牌较多，型号种类繁多，但是各类仪器的基本原理和结构都是相似的，气相色谱仪一般由气路系统、进样系统、分离系统、检测系统、温控系统和记录系统组成。如图 8-4 所示。

（一）气路系统

气路系统包括气源、净化装置和载气流速控制等装置，是载气连续运行的密闭管路系统。载气经气体钢瓶、减压阀、气体净化器、稳压恒流装置，获得纯净的、流速稳定的载气，然后通过色谱柱进行分离，由检测器排出。该系统需保持密闭状态，不能有气体泄漏。

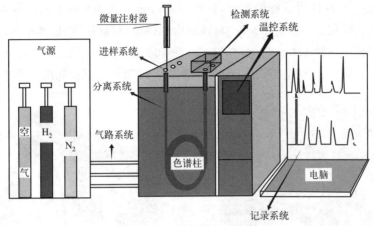

图 8-4　气相色谱仪示意图

气相色谱中常用的载气有氢气、氮气、氩气、氦气，纯度要求 99% 以上，化学惰性好，不与有关物质发生反应。载气的选择主要考虑柱效、分析样品的性质和检测器种类等因素，载气需要放置在专门的气瓶柜内，并贴上安全标示。

（二）进样系统

进样系统包括进样器、气化室，用以保证试样气化，其作用是使液体或固体试样在进入色谱柱之前瞬间气化，然后快速定量地转入色谱柱中。

1. 进样器

根据试样的状态不同，进样器分为液体进样器和气体进样器，液体样品的进样一般采用微量注射器，气体样品的进样常用推拉式六通阀或旋转式六通阀。固体试样一般先溶解于适当试剂中，然后用微量注射器进样。微量注射器进样方式可分为手动进样和自动进样，目前绝大多数为自动进样。根据试样进样方式不同，进样器分为分流进样器和不分流进样器。分流进样是先将较大体积的样品注入气相色谱仪气化室中，样品气化后和载气均匀混合，通过分流器，样品被分流成流量相差悬殊的两部分，其中流量较小的部分进入毛细管柱，流量较大的部分放空。分流进样时进入进样口的载气总流量由一个总流量阀控制，而后载气分成两部分：一是隔垫吹扫气，二是进入气化室的载气。

2. 气化室

气化室一般由一根不锈钢管制成，管外绕有加热丝，其作用是将液体或固体试样瞬间气化为蒸气，如图 8-5。为了让样品在气化室中瞬间气化而不分解，要求气化室热容量大，无催化效应。

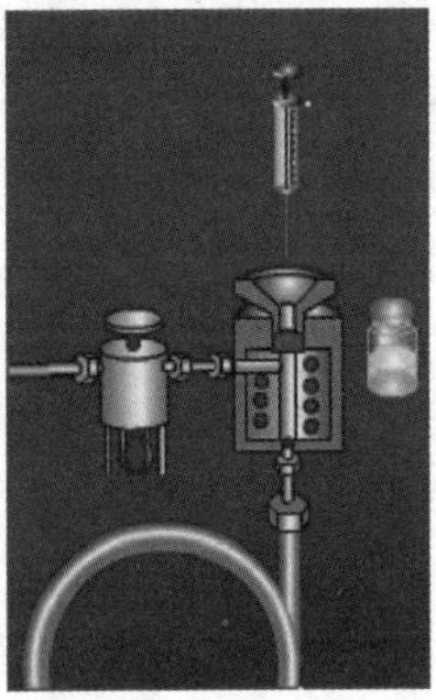

（三）分离系统

分离系统是色谱仪的核心部分。其作用就是把样品中的混合组分一一分离。它由柱管和固定相等部件组成。色谱柱主要有两类：填充柱和毛细管柱（开管柱）。柱材料包括金属、玻璃、熔融石英、聚四

图 8-5　气化室图

氟乙烯等。色谱柱的分离效果除与柱长、柱径和柱形有关外，还与所选用的固定相和柱填料的制备技术以及操作条件等许多因素有关。

（1）填充柱：多为 U 形或螺旋形，内径 $2 \sim 6$ mm，长 $0.5 \sim 10$ m，内填固定相（固定吸附剂：分子筛、氧化铝、活性炭等），材料由金属或玻璃制成。见图 8-6。

（2）毛细管柱：内径 $0.2 \sim 0.5$ mm，长 $30 \sim 100$ m。弯成直径 $10 \sim 30$ cm 的螺旋状。特点：渗透性好、传质快、分离效率高。材料由塑料、玻璃、不锈钢制成。见图 8-7。

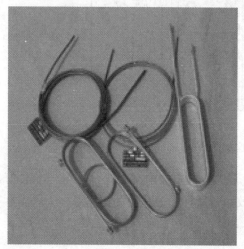

图 8-6 填充柱

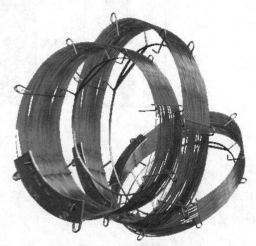

图 8-7 毛细管柱

（四）检测系统

检测系统主要由检测器组成，检测器是将经色谱柱分离的各组分的浓度或质量（含量）转变成易被测量的电信号（如电压、电流等），并进行信号处理的一种装置，是色谱仪的眼睛。检测器通常由检测元件、放大器、数模转换器三部分组成。根据检测器的响应原理，可将其分为浓度型检测器和质量型检测器。

（1）浓度型检测器：测量的是载气中组分浓度的瞬间变化，即检测器的响应值正比于组分的浓度。如热导检测器（TCD）、电子捕获检测器（ECD）。热导检测器（TCD）也被称为通用检测器，因为它可以响应大多数化合物，包括 O_2、N_2 和 CO_2 等无机气体。

电子捕获检测器（ECD）是一种灵敏度高、选择性好的亲电化合物检测器，可以检测有机卤素化合物、有机金属化合物、二酮化合物等。它是一种专属型检测器，是目前分析痕量电负性有机化合物很有效的检测器，元素的电负性越强，检测器灵敏度越高，对含卤素、硫、氧、羰基、氨基等的化合物有很高的响应，已广泛应用于有机氯和有机磷农药残留量、金属配合物、金属有机多卤或多硫化合物等的分析测定。

（2）质量型检测器：测量的是载气中所携带的样品进入检测器的速度变化，即检测器的响应信号正比于单位时间内组分进入检测器的质量。如火焰离子化检测器（FID）和火焰光度检测器（FPD）。

火焰离子化检测器（FID）通过测定有机物在氢火焰的作用下化学电离而形成的离子流强度进行检测，对含有碳原子（C）的化合物很敏感，该检测器灵敏度高、线性范围宽、操作条件不苛刻、噪声小、死体积小，是有机化合物检测常用的检测器。火焰光度检测器（FPD）

对含硫和含磷的化合物有比较高的灵敏度和选择性。其检测原理是，当含磷和含硫物质在富氢火焰中燃烧时，分别发射具有特征的光谱，透过干涉滤光片，用光电倍增管测量特征光的强度，是一种选择性好、灵敏度高的检测器。

（五）温度控制系统

温度控制系统主要指对气化室、色谱柱、检测器三处的温度控制。在气化室要保证液体试样瞬间气化；在色谱柱要准确控制分离需要的温度，当试样复杂时，色谱柱温度需要按一定程序控制温度变化，各组分在最佳温度下分离；在检测器要使被分离后的组分通过时不在此冷凝。

色谱柱的控温方式分恒温和程序升温两种。对于沸程不太宽的简单样品，可采用恒温模式。一般的气体分析和简单液体样品分析都采用恒温模式。对于沸程较宽的复杂样品，如果在恒温下分离很难达到好的分离效果，应使用程序升温方法。程序升温，是指在一个分析周期里色谱柱的温度随时间由低温到高温呈线性或非线性变化，使沸点不同的组分，各在其最佳柱温下流出，从而改善分离效果，缩短分析时间。

（六）记录系统

记录系统是记录检测器的检测信号，对试样进行定量、定性分析。一般包括电子计算机、记录仪、色谱数据处理工作站，能自动对色谱分析数据进行处理。

二、气相色谱仪的操作使用规程（以赛默飞 GC Trace 1300 为例）

（一）准备工作

（1）开机前，检查氮气压力是否满足分析要求，一般要求总压大于 2MPa，分压表调至 0.5MPa。

（2）确认插座，保证 GC Trace-1300 和电脑已经接通电源；确认自动进样器连接正常。

（3）检查载气净化管是否失效，如已失效需更换新的，如需更换进样针、隔垫及衬管，开机前进行更换。

（4）安装色谱柱。调整色谱柱位置，使其伸出密封垫末端 4～6mm，用隔垫固定此位置，将色谱柱螺母旋入进样口，用扳手拧紧。将色谱柱的出口端接入检测器，用手拧紧色谱柱螺母，再将色谱柱抽出约 1mm，再用扳手将螺母拧紧，毛细管柱安装完毕。毛细管柱实物图见图 8-8。

（二）开机

打开氮气（钢瓶）阀门，调节分压至 0.5MPa，若使用 FPD 和 FID 还需要打开氢气发生器和空气发生器，再依次打开气相色谱仪主机开关、自动进样器开关及电脑。双击 Chromeleon7 工作站图标，进入主界面，连接 GC 仪器，联机后显示绿色，如图 8-9 所示。

图 8-8 毛细管柱实物图

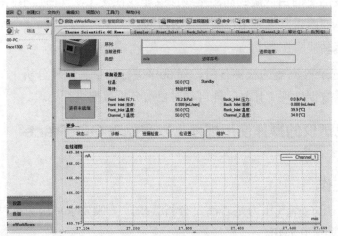

图 8-9 GC 界面联机图

（三）创建方法

1. 建立仪器方法

在 Chromeleon7 工作站主界面点击"创建→仪器方法"，进入仪器设置界面，按照向导以及需要，对方法运行时间、柱温（等温或程序升温）、进样口温度、检测器温度、洗针、分流比、柱流速、氢气的流量、空气的流量、尾吹气的流量等进行设置，设置完成后进行保存，并命名仪器方法。

2. 创建序列

（1）在 Chromeleon7 工作站主界面点击"创建→序列"，进入序列设置界面。根据新建序列向导提示设置进样名称、样品数、进样次数、位置、进样量等参数。完成后点击"下一步"，在仪器方法选项中点击"浏览"，选择需要的仪器方法。"处理方法"选项可暂时不选，点击"下一步"，保存序列，并命名。依法配制样品，装入进样小瓶内，放入样品架。

（2）把配制好的样品贮备液装入 2mL 进样小瓶内，放入样品架。方法平衡后，点击"序列→开始"，即运行序列测定。

3. 创建数据处理方法

在主菜单中打开已经创建的序列，选择需要处理的一个数据文件，在左侧通道图标处双击，出现此文件的数据处理界面。

（1）在功能区点击"校准和处理方法"，选择"定量"，点击"下一步"，对新的数据处理方法进行命名。

（2）在"检测"界面点击"运行 Cobra 向导"，执行检测参数的优化。点击"Cobra 向导→积分区域"，用光标在色谱图上拖出一个积分区域，点击"下一步"进入"基线噪声范围"，软件会自动确定基线范围，直接点击"下一步"进入"Cobra 平滑宽度"，在色谱图上点击一个最窄的峰，如果发现积分标记线有问题，可选中下面的"平滑宽度"，输入合适的值，点击"下一步"进入"最小峰面积"，在色谱图上点击一个面积最小的标准物质的峰，小于这个面积的峰都不积分，点击"下一步"进入通道和进样类型，直接点击"完成"。

（3）在"组分表"界面添加新的组分如对硫磷，输入保留时间，点击"结果"图标，显示色谱图和结果。

（四）关机

（1）在仪器控制页面，将进样口温度、检测器温度、柱温设置为 70℃，开始降温。如图 8-10 和图 8-11 所示。

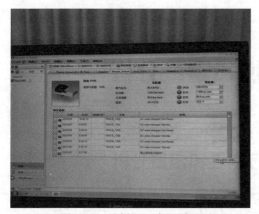

图 8-10 进样口温度设置界面

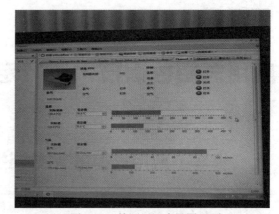

图 8-11 检测器温度设置界面

（2）待仪器进样口、柱温、检测器温度下降到指定温度，可关闭氢气和空气的流量，关闭操作系统，关闭电脑，关闭空气发生器、氢气发生器，关闭气相电源，最后关闭氮气。

三、仪器维保及注意事项

（1）安装色谱柱时，当色谱柱穿过石墨密封垫圈，应切去几厘米后再接入仪器进样口端，以防止可能造成的毛细柱顶端的污染，安装应保证其密封性，在开机通气后应进行检查，如漏气须关机重装。色谱柱老化时，勿将柱端接到检测器上，防止污染检测器，在室温下通载气 20min 后，再老化，以防损坏柱子。

（2）检测器温度不能低于进样口温度，否则会污染检测器。进样口温度应等于或略高于柱温的最高值，同时化合物在此温度下不分解。

（3）进样器所取样品要避免带有气泡以保证进样重现性。

（4）取样前用溶剂反复洗针，再用要分析的样品至少洗 2 ～ 5 次以避免样品间的相互干扰。

（5）仪器应安放于具有良好排风设备及具备稳定电源的实验室。

（6）室内工作温度为 15 ～ 30℃，环境湿度应小于 75%。

（7）仪器应远离强磁场及冲击振动源。

（8）气相色谱柱都有其最高使用温度，超过时会造成固定相的流失导致色谱柱的损坏。建立方法时必须注意，设定柱温不得超过该色谱柱的最高使用温度。一般设定的柱温应低于最高温度约 30℃。

（9）设定温度时，检测器温度必须高于其他温度，以防止高沸物的污染。一般应遵循检测器温度≥进样口温度≥柱温。

（10）进样衬管必须定期进行清洗，先用洗液清洗，然后用丙酮溶液浸泡，再用电吹风吹干备用，及时添加石英棉；若有损坏应及时更换。

任务 8-2 知识锦囊

任务三

应用气相色谱技术进行定性和定量分析

任务清单 8-3
应用气相色谱技术进行定性和定量分析

名称	任务清单内容
任务情景	现有气相色谱仪一台，石油醚（60 ～ 90℃）、黄芪样品、六六六（BHC）（α-BHC，β-BHC，γ-BHC，δ-BHC）、滴滴涕（DDT）（p,p'-DDE，p,p'-DDD，o,p'-DDT，p,p'-DDT）及五氯硝基苯（PCNB）农药对照品，如何利用对照品判定黄芪样品中是否含有九种有机氯农药？如果有，含量是多少
任务分析	根据《中国药典》（2020 版，四部，通则 2341）中"第一法"进行九种有机氯农药的含量测定
任务目标	会使用气相色谱法开展定性和定量分析检测工作
任务实施	1. 气相色谱定性分析方法 2. 气相色谱定量分析方法 3. 气相色谱技术定性与定量分析应用
任务总结	通过完成上述任务，你学到了哪些知识或技能

一、气相色谱定性分析方法

根据组分色谱峰的保留值来对物质开展定性分析。具体分析方法包括用已知物直接对照定性与两谱联用技术定性。

(一) 已知物直接对照定性

1. 利用保留值定性

该法依据是在一定的固定相和操作条件下,任何一种物质都具有一定的保留值(保留时间、调整保留时间)。具体做法:①分别以试样和标准物进样分析得各自的色谱图;②进行对照,如果试样中某峰和标样中某峰的保留时间重合,则可初步确定试样中含有该物质。

用该法的条件:①对样品的组成应有比较清楚的了解;②必须获得要定性的那种标准物;③要充分估计所获得的保留值数据的精确性以便从数据吻合程度去判断某一组分是否存在;④实验操作条件要相当稳定。

2. 利用峰增高定性

将已知纯样加入待测样品中再分析一次,然后与原来的待测样品色谱图进行比较。若前者的色谱峰增高,可认为样品中含有与纯样相同的化合物。当进样量很低时,如果峰不重合、峰中出现转折或半峰宽变宽,一般可肯定样品中不含与纯样相同的化合物。

当未知样品中组分较多,色谱峰过密不易辨认时,可用此法。当两个相邻组分的保留值很接近或操作条件不易严格控制时,也可通过在样品中加入标准物,看试样中哪个峰增加来确定。

3. 利用相对保留值定性

用组分 i 与标准物质 s 的相对保留值 $r_{i,s}$ 作为定性指标,对未知组分 i 定性的方法称为相对保留值定性法。

$$r_{i,s} = t'_{R,i}/t'_{R,s} = V'_{R,i}/V'_{R,s}$$

式中,$r_{i,s}$ 为相对保留值;$t'_{R,i}$ 为样品组分保留时间;$t'_{R,s}$ 为标准物质保留时间;$V'_{R,i}$ 为样品组分保留体积;$V'_{R,s}$ 为标准物质保留体积。

在利用保留值定性时,必须使两次分析条件完全一致,有时不易做到。有时利用相对保留值定性比利用保留值定性更方便、更可靠。相对保留值只与两组分的分配系数有关,不受其它操作条件影响,只要固定相性质和柱温确定,相对保留值是一个定值。测定时,有关文献提供的组分 i 与某标准物质 s 的相对保留值 $r_{i,s}$ 可作为初步定性依据。

(二) 两谱联用技术定性

色谱与质谱、傅里叶红外光谱等联用,是目前解决复杂样品定性分析有效的工具之一。

二、气相色谱定量分析方法

气相色谱法进行定量计算时,可以选择峰高或峰面积来进行。无论选用哪个参数,样品中组分的含量 c 与信号响应值 X 都必须符合线性关系,即 $c=KX$。根据检测器响应机理和塔板理论,峰高与峰面积都应该满足此关系。但由于峰形展宽等原因,对绝大多数检测器来说,都是峰面积 A 与含量成正比。

（一）定量校正因子

当操作条件一致时，被测组分的质量（或浓度）与检测器给出的响应信号呈正比。但由于同一检测器对不同物质具有不同响应值，因此不能用峰面积直接计算物质的含量，要引入校正因子。

$$f_i = \frac{m_i}{A_i}$$

式中，f_i 称为绝对校正因子，也就是单位峰面积所代表的物质的质量。测定绝对校正因子需要知道准确进样量，这是比较困难的，在实际工作中往往使用相对校正因子。即为被测物质和标准物质的绝对校正因子之比。

$$f_i' = \frac{f_i}{f_s} = \frac{m_i/A_i}{m_s/A_s}$$

式中，下标 i、s 分别代表被测物质和标准物质。

（二）定量方法

色谱定量分析方法可以分为归一化法、外标法、内标法。

1. 归一化法

当试样中所有组分都能流出色谱柱，且在色谱图上都显示色谱峰时，可用归一化法计算组分含量。所谓归一化法是以样品中被测组分经校正过的峰面积（或峰高）占样品中各组分经校正过的峰面积（或峰高）之和的比例来表示样品中各组分的含量的定量方法。设试样中有几个组分，各组分的质量分别为 m_1、m_2、$\cdots$、m_n，在一定条件下测得各组分峰面积分别为 A_1、A_2、$\cdots$、A_n，则组分 i 的质量分数 w_i 可按下式计算：

$$w_i = \frac{A_i f_i'}{A_1 f_1' + A_2 f_2' + \cdots + A_n f_n'} \times 100\%$$

若试样中组分是同分异构体或同系物，各组分 f 值很接近，可以不用校正因子，将面积直接归一化。

归一化法简便、准确，进样量要求不严，流速等变化对结果影响很小。但如果试样中的组分不能全部出峰，则不能采用这种方法，归一化法测定校正因子比较麻烦。

2. 外标法

外标法是以对照品的量对比求算试样含量的方法。只要待测组分出峰、无干扰、保留时间适宜，即可用外标法进行定量分析。外标法可分为标准曲线法和外标一点法。

（1）标准曲线法。取待测组分的纯物质配成一系列不同浓度的待测组分的标准样，与试样在同一色谱条件下定量进样，出峰后依次测量各标准样及试样中待测组分的峰面积（或峰高），绘制峰面积（或峰高）对浓度（c）的标准曲线，拟合曲线方程，根据方程计算待测组分浓度，从而计算其含量。如图 8-12。

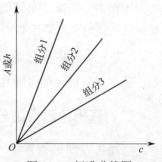

图 8-12 标准曲线图

（2）外标一点法。当试样中待测组分浓度变化不大时，可不必作标准曲线，而用单点校正法。具体做法是：利用待测组分纯物质配制一个与待测组分（设浓度 c_i）含量相近的标准样（c_s），同一色谱条件下，分别将相同量的待测组分标样及试样注入色谱仪，出峰后，测量其峰面积（或峰高），得出相应的峰面积 A_i 和 A_s（或 h_i 和 h_s）。由待测组分和标准样的峰面积比（或峰高比）求出待测组分浓度（含量）。

$$\frac{c_i}{c_s}=\frac{A_i}{A_s} \Rightarrow c_i=\frac{A_i}{A_s}c_s \text{ 或 } \frac{c_i}{c_s}=\frac{h_i}{h_s} \Rightarrow c_i=\frac{h_i}{h_s}c_s$$

3. 内标法

若试样中所有组分不能全部出峰或只要求测定试样中某个或某几个组分的情况时，可采用内标法定量。所谓内标法就是将一定量选定的标准物（称内标物 s）加入一定量试样（质量为 m）中，混合均匀后，在一定操作条件下注入色谱仪，出峰后分别测量组分 i 和内标物 s 的峰面积（或峰高），以峰面积为例按下式计算组分的含量。

$$\frac{m_i}{m_s}=\frac{f_i A_i}{f_s A_s} \Rightarrow m_i=\frac{f_i A_i}{f_s A_s}m_s$$

$$w_i=\frac{m_i}{m}\times 100\%=\frac{f_i A_i}{f_s A_s}\times\frac{m_s}{m}\times 100\%$$

内标法的关键是选择合适的内标物，对于内标物的要求是：①样品中不含有内标物；②内标物的性质应与待测组分性质相近，以使内标物的色谱峰与待测组分色谱峰靠近并与之完全分离；③内标物与样品应完全互溶，但不能发生化学反应；④内标物加入量应接近待测组分含量。

内标法的优点是准确度高，对进样量及操作条件要求不严格，使用没有限制，可测定微量组分。内标法缺点是内标物的选择需花费大量时间，样品的配制也比较烦琐。

三、气相色谱技术应用示例

（一）薄荷中薄荷脑含量测定（外标一点法）

（1）色谱条件与系统适用性试验。聚乙二醇为固定相的毛细管柱（柱长为 30m，内径为 0.32mm，膜厚度为 0.25μm）；程序升温：初始温度 70℃，保持 4min，先以 1.5℃/min 的速率升温至 120℃，再以 3℃/min 的速率升温至 200℃，最后以 30℃/min 的速率升温至 230℃，保持 2min；进样口温度 200℃；检测器温度 300℃；分流进样，分流比 5∶1；理论板数按薄荷脑峰计算应不低于 10000。

（2）对照品溶液的制备。取薄荷脑对照品适量，精密称定，加无水乙醇制成每 1mL 含 0.2mg 的溶液。

（3）供试品溶液的制备。取本品粉末（过三号筛）约 2g，精密称定，置具塞锥形瓶中，精密加入无水乙醇 50mL，密塞，称定重量，超声处理（功率 250W，频率 33kHz）30min，放冷，再称定重量，用无水乙醇补足减失的重量，摇匀，滤过，取续滤液即得。

（4）测定法。分别精密吸取对照品溶液与供试品溶液各 1μL，注入气相色谱仪，测定，即得。本品按干燥品计算，含薄荷脑（$C_{10}H_{20}O$）不得少于 0.20%。

（二）广藿香中百秋李醇含量测定（内标法）

（1）色谱条件与系统适用性试验。HP-5 毛细管柱（交联 5% 苯基甲基聚硅氧烷为固定相）（柱长为 30m，内径为 0.32mm，膜厚度为 0.25μm）；程序升温：初始温度 150℃，保持 23min，以 8℃/min 的速率升温至 230℃，保持 2min；进样口温度为 280℃，检测器温度为 280℃；分流比为 20∶1。理论板数按百秋李醇峰计算应不低于 50000。

（2）校正因子测定。取正十八烷适量，精密称定，加正己烷制成每 1mL 含 15mg 的溶液，作为内标溶液。取百秋李醇对照品 30mg，精密称定，置 10mL 量瓶中，精密加入内标溶液 1mL，用正己烷稀释至刻度，摇匀，取 1μL 注入气相色谱仪，计算校正因子。

（3）测定法。取本品粗粉约 3g，精密称定，置锥形瓶中，加三氯甲烷 50mL，超声处理 3 次，每次 20min，滤过，合并滤液，回收溶剂至干，残渣加正己烷使溶解，转移至 5mL 量瓶中，精密加入内标溶液 0.5mL，加正己烷至刻度，摇匀，吸取 1μL，注入气相色谱仪，测定，即得。

本品按干燥品计算，含百秋李醇（$C_{15}H_{26}O$）不得少于 0.10%。

知识测试与能力训练

一、选择题

1. 色谱峰高（或面积）可用于（　　）。
   A. 定性分析　　　　　　　　　　B. 判定被分离物分子量
   C. 定量分析　　　　　　　　　　D. 判定被分离物组成

2. 色谱法中下列说法正确的是（　　）。
   A. 分配系数 K 越大，组分在柱中滞留的时间越长
   B. 分离极性大的物质应选活性大的吸附剂
   C. 混合样品中各组分的 K 值都很小，则分离容易
   D. 吸附剂含水量越高则活性越高

3. 在液-固吸附柱色谱法中，假设有 A，B 两组分且 $K_A > K_B$，则两组分出柱的顺序是（　　）。
   A. A 先出柱，B 后出柱　　　　　B. B 先出柱，A 后出柱
   C. A，B 同时出柱　　　　　　　D. 无法判断

4. 色谱法中用于定性分析的参数是（　　）。
   A. 保留时间　　B. 相对保留值　　C. 半峰宽　　D. 峰面积

5. 火焰离子化检测器的检测依据是（　　）。
   A. 不同溶液折射率不同
   B. 被测组分对紫外线的选择性吸收
   C. 有机分子在氢火焰中发生电离
   D. 不同气体热导率不同

6. 气化室的温度要求比柱温高（　　）。
   A. 50℃　　　　B. 100℃　　　　C. 200℃　　　　D. 200℃ 以上

7. 下列是气相色谱仪的检测器且需要"点火"的是（　　）。

A. 热导检测器　　　　　　　　　　　　B. 火焰离子化检测器
C. 荧光检测器　　　　　　　　　　　　D. 紫外检测器

8. 以下哪种说法不是气相色谱法的特点？（　　　）

A. 分离效能高、选择性好

B. 灵敏度高

C. 样品用量较大

D. 只能分析有一定蒸气压和热稳定性好的样品

9. 目前在气相色谱中应用最广泛的检测器是（　　　）。

A. 热导检测器　　　　　　　　　　　　B. 火焰离子化检测器
C. 电子捕获检测器　　　　　　　　　　D. 火焰光度检测器

10. 在气相色谱法中，火焰离子化检测器优于热导检测器的方面是（　　　）。

A. 装置简单化　　　B. 灵敏度　　　C. 适用范围　　　D. 分离效果

11. 在气相色谱法中，火焰离子化检测器主要测定的对象为（　　　）。

A. 通用型　　　B. 无机物　　　C. 有机物　　　D. 小分子化合物

12. 色谱分析中使用归一化法定量的前提是（　　　）。

A. 色谱柱进样端固定液流失

B. 所有的组分都要能流出色谱柱

C. 组分必须是有机物

D. 检测器必须对所有组分产生响应

13. 以下哪一个不是外标曲线法的特点？（　　　）

A. 需要校正因子　　　　　　　　　　　B. 不需校正因子
C. 不需要所有组分都出峰　　　　　　　D. 进样量准确

14. 以下哪个不是内标物的要求？（　　　）

A. 内标物是样品中不含的纯物质

B. 内标物色谱峰位应在被测组分峰位附近

C. 与其他组分的色谱峰完全分离

D. 是样品中含有的纯物质

15. 下列气体不是气相色谱法常用的载气的是（　　　）。

A. N_2　　　B. H_2　　　C. O_2　　　D. He

二、填空题

1. 气相色谱法多用＿＿＿＿沸点的＿＿＿＿化合物涂渍在惰性气体载体上作为固定相。

2. 气相色谱常用的检测器有＿＿＿、＿＿＿、＿＿＿和＿＿＿。

3. ＿＿＿表示组分流出色谱柱的集中程度，通常用分离度为＿＿＿作为相邻两组分已完全分离的判断依据。

4. 气相色谱仪气化室温度取决于样品的＿＿＿、＿＿＿、＿＿＿。

5. 气相色谱仪以＿＿＿为流动相，主要用于分离分析＿＿＿的物质。

6. 气相色谱技术中色谱柱升温的方式有＿＿＿、＿＿＿。

三、简答题

1. 气相色谱仪由哪几部分组成？各组成部分的作用是什么？
2. 气相色谱常用定量分析方法包括哪几种？在何种情况下应用？

四、计算题

1. 用气相色谱法测定正丙醇中的微量水分，精密称取正丙醇 50.00g 及无水甲醇（内标物）0.4000g，混合均匀，进样 5μL，在 401 有机担体柱上进行测量，测得水：h=5.00cm，$W_{1/2}$=0.15cm；甲醇：h=4.00cm，$W_{1/2}$=0.10cm。求正丙醇中微量水的重量百分含量。

2. 取薄荷脑对照品适量，精密称定，加无水乙醇制成每 1mL 含 0.2mg 的溶液。另精密称取薄荷粉（过三号筛）2.002g，置具塞锥形瓶中，精密加入无水乙醇 50mL，密塞，称定重量，超声处理（功率 250W，频率 33kHz）30min，放冷，再称定重量，用无水乙醇补足减失的重量，摇匀，滤过，定容至 100mL。分别精密吸取对照品溶液与供试品溶液各 1μL，注入气相色谱仪，按照《中国药典》中的气相色谱法测定，薄荷脑对照品峰面积为 108000，薄荷样品薄荷脑峰面积为 102000［本品按干燥品计算，含薄荷脑（$C_{10}H_{20}O$）不得少于 0.20%］。问薄荷中薄荷脑含量是否达标？

实验能力训练九

九种有机氯类农药对照品气相色谱实验

【仪器及用具】

气相色谱仪（ECD 检测器）；容量瓶：2mL（9 个）、10mL（1 个）、5mL（7 个）；移液枪等。

【试剂和药品】

石油醚（60～90℃）、六六六（BHC）（α-BHC，β-BHC，γ-BHC，δ-BHC）、滴滴涕（DDT）（p,p'-DDE，p,p'-DDD，o,p'-DDT，p,p'-DDT）及五氯硝基苯（PCNB）农药对照品等。

【实验内容及操作过程】

序号	步骤	操作方法及说明	操作注意事项
1	对照品贮备溶液的制备	精密称取六六六（BHC）（α-BHC，β-BHC，γ-BHC，δ-BHC）、滴滴涕（DDT）（p,p'-DDE，p,p'-DDD，o,p'-DDT，p,p'-DDT）及五氯硝基苯（PCNB）农药对照品适量，分别于 2mL 的容量瓶中，用石油醚（60～90℃）分别制成每 1mL 含 4～5μg 的溶液，即得	所用石油醚应为分析纯，沸点 60～90℃

续表

序号	步骤	操作方法及说明	操作注意事项
2	混合对照品贮备溶液的制备	精密量取上述各对照品贮备液0.5mL，置10mL容量瓶中，用石油醚（60～90℃）稀释至刻度，摇匀，即得	定容后量瓶中凹液面最低处应与刻度线相切
3	混合对照品溶液的制备	精密量取上述混合对照品贮备液，分别置于5mL容量瓶中，用石油醚（60～90℃）制成每1L分别含0μg、1μg、5μg、10μg、50μg、100μg、250μg的溶液，即得	正确操作移液枪
4	安装石英毛细管柱	分别将进样口端和检测器端（ECD检测器）按要求接入进样口及检测器接口，拧紧。安装要求如下。 （1）进样口端：调整色谱柱位置，使其伸出密封垫末端4～6mm，用隔垫固定此位置，将色谱柱螺母旋入进样口，用扳手拧紧。 （2）检测器端：将色谱柱轻插入接口，直至底部；用手拧紧色谱柱螺母，再将色谱柱抽出约1mm，再用扳手将螺母拧紧	安装色谱柱应在常温下进行，切去4～6cm后再接入仪器
5	开机	（1）打开氮气（钢瓶）阀门。 （2）打开GC电源，GC自检通过后，应处于"关机"方法状态（仪器关机前执行的最后一个方法程序，可通过仪器键盘"上下"键观察和确认各参数），此时仪器温度较低且开始通过载气，保持该状态10～20min，使载气充满毛细管柱。 （3）打开电脑，根据配置（直接进样）设置仪器，设置完成后，双击Chromeleon7.2工作站图标，进入配置选择的模式界面，连接GC仪器	色谱柱的固定液在高温下极易被氧气氧化损坏，故开机时应先通载气，并在较低温度下用载气将柱内空气完全置换
6	色谱柱老化	在GC Trace1300 Chromeleon7.2工作站上，直接设置与色谱柱相应的老化方法，设置完成后自动执行该方法进行老化。老化约120min后，在GC Trace1300 Chromeleon7.2工作站上，直接设置需要的分析方法，设置完成后自动执行该方法进行平衡。选择"监视基线"，观察仪器信号，基线平稳后即可进行分析	色谱柱老化时，勿将柱端连接到检测器上，防止污染检测器，请在室温下通载气20min后，再老化，以防损坏柱子
7	创建仪器方法	点击"创建→仪器方法"，进入仪器设置界面。设置进样口温度230℃，检测器温度300℃，不分流进样。程序升温：初始100℃，10℃/min升至220℃，8℃/min升至250℃，保持10min。设置完成后进行保存	设定温度时，一般应遵循检测器温度≥进样口温度≥柱温
8	创建序列	把配制好的混合对照品贮备液装入2mL进样小瓶内，放入样品架。样品瓶序号为1～7。点击"创建→序列"，进入编辑序列界面，输入样品瓶号、进样量、样品ID、方法、数据文件名（含路径），确认无误后点击"保存"。方法平衡后，点击"选定的序列→开始"，即运行序列测定	注意样品浓度和样品序号对应关系
9	样品分析	点击序列运行界面的"开始"，仪器开始运行序列	按照指定的方法和序列运行
10	数据处理	（1）点击"数据→需处理的序列"，在右边的工作区显示样品序列中所有样品的信息。双击序列表中某个标准品可切换到色谱数据处理区。进入色谱数据处理区在"预置"区中点击"结果"图标，显示色谱图和结果；点击功能区"校准和处理方法"图标，可进入校准和处理方法界面，在检测界面，可以点击"进行Cobra向导"执行检测参数的优化。 （2）点击"处理→组分表向导"，进入组分编辑界面。如点击"运行组分表向导"弹出一小框告知当前的Cobra向导处理方法已包含峰组分的处理，选择"更新"作演示。进入"时间范围"，使用自动范围，点击"下一步"。进入"筛选"，先前软件已处理好，如果不合适，可选中"筛选峰"，输入合适的峰面积，点击"下一步"。进入"复核"，在下组分表中可以输入样品名称和保留时间，点击"完成"。点击"结果"界面，显示色谱图和结果	
11	关机	测定结束后，打开仪器Front_Inlet界面，设置进样口温度至70℃，打开Channel2界面设置检测器温度降至70℃，打开Oven界面设置柱温为70℃，待温度降至所需温度后，关闭柱流速，关闭GC电源，退出气相色谱仪的工作站软件，关闭氮气钢瓶总阀	为防止高温下氧气对色谱柱的损耗，在温度未降到规定值前不得关闭氮气

【实验数据记录及结果处理】

1. 数据记录

（1）该实验气相色谱仪的型号_____，检测器类型_____。

（2）有机氯类农药混合对照品溶液七个浓度分别是_____、_____、_____、_____、_____、_____、_____。

（3）9种有机氯类农药混合对照品保留时间分别是_____、_____、_____、_____、_____、_____、_____、_____、_____。

（4）每个浓度的混合对照品溶液对应的9种组分峰面积分别为多少？
_____
_____

2. 实验结果

六六六（BHC）（α-BHC，β-BHC，γ-BHC，δ-BHC）、滴滴涕（DDT）（p,p'-DDE，p,p'-DDD，o,p'-DDT，p,p'-DDT）及五氯硝基苯（PCNB）溶液标准曲线的制作：以浓度为横坐标，峰面积为纵坐标，用EXCEL分别拟合五个不同浓度六六六（BHC）、滴滴涕（DDT）溶液总峰面积和浓度关系的标准曲线，五氯硝基苯（PCNB）溶液峰面积和浓度关系的标准曲线。从标准曲线方程上找出峰面积和浓度之间的关系，为计算样品中九种有机氯农药残留含量奠定基础。

【学习结果评价】

序号	评价内容	评价标准	评价结果（是/否）
1	能准确配制不同浓度的混合标准溶液	容量瓶、移液枪的正确使用，溶液稀释步骤正确	
2	能正确操作气相色谱仪	正确使用操作仪器，正确进行仪器方法和序列参数设置、数据处理	
3	能制作标准曲线，并能找出峰面积和浓度的关系	能正确绘出标准曲线，会使用标准曲线计算含量	

【思考题】

1. 同一物质不同浓度的溶液峰面积的变化有什么规律？为什么？
2. 气相色谱仪设定温度时遵循的原则是什么？为什么？

项目九
高效液相色谱技术

🌐 知识目标

(1) 了解高效液相色谱法的特点。
(2) 了解高效液相色谱法的主要类型与分离原理。
(3) 熟悉化学键合相色谱法的主要类型。
(4) 熟悉高效液相色谱法的分析条件的选择。
(5) 掌握高效液相色谱仪的基本构造。
(6) 掌握高效液相色谱法的一般流程。

🎯 技能目标

(1) 通过学习高效液相色谱法的原理、仪器、主要方法等内容，能灵活运用色谱法。
(2) 能根据分析对象和要求选择合适的高效液相色谱法分离模式和分析条件进行分离分析。
(3) 学会操作高效液相色谱仪。
(4) 根据高效液相色谱法的特点选择合适的定性定量方法。

💡 素质目标

(1) 培养学生操作高效液相色谱仪的动手能力。
(2) 培养学生利用高效液相色谱法对样品进行定性和定量分析的能力。
(3) 培养学生对高效液相色谱仪进行维护和简单故障维修。
(4) 培养学生科学严谨的学习态度和规范、标准意识以及精益求精的工匠精神。

任务一

认知高效液相色谱法

任务清单 9-1
认知高效液相色谱法

名称	任务清单内容
任务情景	通过学习《中国药典》(2020版,四部,通则0512)高效液相色谱法的内容,说出高效液相色谱法与经典液相色谱法的区别
任务分析	高效液相色谱法与经典液相色谱法的区别主要体现在色谱柱、是否有检测器及主要作用等方面
任务目标	1. 认知高效液相色谱法 2. 掌握高效液相色谱的原理
任务实施	1. 高效液相色谱法的特点 2. 高效液相色谱法中的固定相 3. 高效液相色谱法中的流动相 4. 高效液相色谱法的主要类型及分离原理
任务总结	通过完成上述任务,你学到了哪些知识或技能

高效液相色谱法(HPLC)是20世纪70年代发展起来的一项高效、快速的分离分析技术。在经典的液相柱色谱法基础上,引入了气相色谱法的理论和实验技术,以高压输送流动相,采用高效固定相及高灵敏度检测器,发展而成的现代液相色谱分离分析方法。又称为高压液相色谱法、高速液相色谱法。

一、高效液相色谱法的特点及发展

(一)高效液相色谱法主要特点

高效液相色谱法和经典液相色谱法相比,其主要优点为:①用高压泵输送流动相,流速快,分析速度快;②固定相粒度小而均匀,分离效率高;③采用高灵敏度检测器,提高了检测灵敏度。

高效液相色谱法和气相色谱法的基本理论一致,定性定量原理一样,其不同点如下。

① 流动相不同:GC用气体做流动相,载气种类少;HPLC以液体为流动相,液体种类多,可供选择范围广。

② 固定相差别:GC常用毛细管柱,固定相多为液膜;HPLC多为键合相色谱,且固定相粒度小。

③ HPLC使用范围更广。GC主要用于挥发性、热稳定性好的物质的分析,而这些物质只占有机物总数的15%~20%;HPLC可分析高极性、难挥发、热稳定差、离子型的化合物,

只要被测样品能够溶解于溶剂中并可以被检测，就可以进行分析。

总之，高效液相色谱法具有高压、高效、高灵敏度、高自动化、分析速度快、适用范围广等优点，因此，该法在药物分析中有着广泛的应用。

（二）高效液相色谱法的发展

近年来，高效液相色谱法已成为仪器分析中发展最快、应用最广的分析方法之一。其发展主要体现在两个方面：一是色谱技术及其设备的进一步研究与更新，如超高效液相色谱法（UPLC）、快速高分离度液相色谱法（RRLC）和二维液相色谱法（2D-HPLC），大大提高了分辨率、分析速度、检测灵敏度及色谱峰容量，从而全面提升液相色谱的分离效能；另一方面是液相色谱-质谱法（LC-MS）、液相色谱-核磁共振谱联用仪（LC-NMR）等联用技术的不断发展，可以更好地分析复杂体系。其他还包括新型固定相的不断涌现、用于特定分析的色谱柱的研究、色谱新方法的研究以及色谱专家系统的应用等。总之，上述各方面的研究和迅速发展都使得 HPLC 分析方法的应用越来越广泛。

二、高效液相色谱法的固定相

色谱柱是高效液相色谱的心脏，其中的固定相（或称为填充剂、填料）是保证色谱柱高柱效和高分离度的关键。高效液相色谱的固定相主要有硅胶、化学键合相和凝胶等。目前，以化学键合相的应用最为广泛，因此，这里主要介绍化学键合相固定相。

化学键合相是通过化学反应将有机官能团键合在载体表面而构成的固定相，简称键合相。化学键合相在 HPLC 中占据极其重要的地位，是目前色谱法中最常用的固定相，几乎适用于分离所有类型的化合物。广义的化学键合相包括用于反相色谱和正相色谱的化学键合相、键合型离子交换剂、手性固定相以及亲和色谱固定相等，但最常用的是反相和正相色谱中的化学键合相。

（一）化学键合相的特点

（1）化学性质稳定，热稳定性好，耐溶剂冲洗，使用过程中固定相不流失，柱使用寿命长。

（2）均一性和重现性好。

（3）柱效高，分离选择性好。

（4）载样量大。

（5）适于梯度洗脱。其中耐溶剂冲洗是这类固定相的突出特点，且可以通过改变键合官能团的类型来改变分离的选择性。

但需注意，一般硅胶基质的化学键合相流动相的 pH 值应控制在 2～8，当 pH 大于 8 时，可使载体硅胶溶解；当 pH 小于 2 时，与硅胶相连的化学键易水解脱落。但硅-碳杂化硅胶为基质的键合相可用于宽 pH 范围。不同厂家、不同批号的同一类型键合相因键合工艺不同可能表现不同的色谱特性，要获得好的分析结果，最好选择同一品牌甚至同一批号的固定相。

（二）化学键合相的性质

化学键合相多采用微粒多孔硅胶为载体，硅胶表面的硅醇基能与合适的有机化合物反应而获得不同性能的化学键合相。按固定液（基团）与载体（硅胶）键合的化学键类型，可分为 Si—O—C、Si—N、Si—C 和 Si—O—Si—C 型键合相。其中硅氧烷（Si—O—Si—C）型键合相是以烷基氯硅烷或烷氧基硅烷与硅胶表面的游离硅醇基进行硅烷化反应而制得，具有很好的耐热性和稳定性，是目前应用最广的键合相。例如十八烷基硅烷键合相（ODS）就是由十八烷基氯硅烷与硅胶表面的硅醇基反应键合而成。

$$\equiv Si-OH + Cl-Si(R_2)-C_{18}H_{37} \xrightarrow{-HCl} \equiv Si-O-Si(R_2)-C_{18}H_{37}$$

（三）化学键合相的种类

作为最常用的反相和正相色谱中的化学键合相，按所键合基团的极性不同，可分为非极性、弱极性与极性三类。

（1）非极性键合相：这类键合相的表面基团为非极性烃基，如十八烷基（C_{18}）、辛烷基（C_8）、甲基、苯基等，可用作反相色谱的固定相，十八烷基硅烷（C_{18}或ODS）键合相是最常用的非极性键合相。

非极性键合相的烷基长短对溶质的保留、选择性和载样量都有影响，长链烷基可增大溶质的容量因子，改善分离选择性，提高载样量，稳定性更好，因此，十八烷基键合相（C_{18}或ODS）是HPLC应用最广泛的固定相，《中国药典》（2020版，一部、二部）HPLC方法几乎都采用ODS柱。短链非极性键合相的分离速度较快，对于极性化合物可得到对称性较好的色谱峰。

（2）弱极性键合相：常见的有醚基键合相和二羟基键合相，既可作正相又可作反相色谱的固定相，视流动相的极性而定。目前这类固定相应用较少。

（3）极性键合相：常用氨基（—NH_2）、氰基（—CN）键合相，分别将氨丙硅烷基、氰乙硅烷基键合在硅胶上制成，可用作正相色谱的固定相。氨基键合相兼有氢键接受和给予性能，氨基可与糖分子中的羟基选择性作用，因此是分离糖类最常用的固定相；但氨基键合相不易分离含羰基的物质，流动相中也不能含羰基化合物。氰基键合相分离选择性与硅胶相似，但极性比硅胶弱，对双键异构体或含双键数不同的环状化合物有良好的分离选择性。许多在硅胶上分离的样品可在氰基键合相上完成。

三、高效液相色谱法的流动相

在高效液相色谱法中，流动相是液体，对组分有亲和力，并参与固定相对组分的竞争。因此，流动相溶剂的性质和组成对色谱柱柱效、分离选择性和组分的 k 值影响很大。改变流动相的性质和组成，是提高色谱系统分离度和分析速度的重要手段。

（一）对流动相的基本要求

（1）化学纯度高，稳定性好，不与样品、固定相发生化学反应，与固定相不互溶，保持色谱柱或柱的保留性能长期不变。

（2）对样品组分有适宜的溶解度（要求 k 在 1～10 范围，最好在 2～5），以改善峰形和灵敏度。

（3）与检测器兼容，以降低背景信号和基线噪声。

（4）黏度要低，沸点要低。溶剂黏度低，可以降低柱压，利于提高柱效。另外从制备、纯化样品考虑，低沸点的溶剂易用蒸馏方法从柱后收集液中除去，利于样品的纯化。

（5）低毒。应使用毒性小的溶剂，以保证操作人员的安全。

（二）流动相的极性

高效液相色谱中的流动相在两相分配过程中起着重要作用，流动相溶剂的洗脱能力（即溶剂强度）与它的极性有关。在正相色谱中，流动相的极性小于固定相的极性，在反相色谱中，流动相的极性大于固定相的极性。

在正相液-液色谱中，可先选中等极性的溶剂为流动相，若组分的保留时间太短，表示溶剂的极性太大，改用极性较弱的溶剂，若组分保留时间太长，则再选极性在上述两种溶剂之间的溶剂。如此多次实验，以选得最适宜的溶剂。

常用溶剂的极性顺序从大到小排列如下：

水（极性最大）＞甲酰胺＞乙腈＞甲醇＞乙醇＞丙醇＞丙酮＞四氢呋喃＞甲乙酮＞正丁醇＞乙酸乙酯＞乙醚＞异丙醚＞二氯甲烷＞氯仿＞溴乙烷＞苯＞氯丙烷＞甲苯＞四氯化碳＞二硫化碳＞己烷＞环己烷＞石油醚（极性最小）。

（三）流动相的选择

为了获得合适的溶剂强度（极性），常采用二元或多元组合的溶剂系统作为流动相。通常根据所起的作用，采用的溶剂可分成底剂及洗脱剂两种。底剂决定基本的色谱分离情况，而洗脱剂则起调节试样组分的滞留并对某几个组分具有选择性的分离作用。因此，流动相中底剂和洗脱剂的组合选择直接影响分离效率。正相色谱中，底剂采用低极性溶剂如正己烷、苯、氯仿等，而洗脱剂则根据试样的性质选取极性较强的针对性溶剂，如醚、酮、醇和酸等。在反相色谱中，通常以水为流动相的主体，以加入不同配比的有机溶剂作调节剂。常用的有机溶剂是甲醇、乙腈和四氢呋喃等。

离子交换色谱分析主要在含水介质中进行。组分的保留值可用流动相中盐的浓度（或离子强度）和 pH 来控制，增加盐的浓度导致保留值降低。

四、高效液相色谱法的主要类型及其分离原理

根据组分在固定相与流动相之间的分离原理的不同，高效液相色谱法可分为吸附色谱法、分配色谱法、离子交换色谱法、分子排阻色谱法等。

（一）吸附色谱法

吸附色谱法又称液-固吸附色谱法，根据被分离组分的分子与流动相分子争夺吸附剂表面活性中心，靠被分离组分之间的吸附系数的差别而分离。适合于分离分子量中等的脂溶性组分，在常用的几种高效液相色谱法中，吸附色谱法是分离异构体的最好方式。

（二）分配色谱法

分配色谱法是根据被分离的组分在流动相和固定相中溶解度不同而分离的色谱方法；分配色谱法按固定相和流动相的极性不同可分为正相分配色谱法和反相分配色谱法。

1. 正相分配色谱法

流动相极性小于固定相极性称为正相分配色谱法，常用于分离溶于有机溶剂的极性至中等极性的分子型化合物。分离机制是组分在两相间进行分配，极性小的组分的分配系数 K 小，保留时间短，反之，极性大的组分的分配系数 K 大，保留时间长。其固定相常采用氰基或氨基化

学键合相；流动相常选用低极性溶剂（如正己烷），加入适量极性溶剂（如三氯甲烷）以调节流动相的极性；流动相的极性增强，洗脱能力增强，使组分的分配系数 K 减小，保留时间变短。

2. 反相分配色谱法

流动相极性大于固定相极性称为反相分配色谱法，适合于分离非极性至中等极性的分子型化合物。分离机制是组分在两相间进行分配，极性大的组分的分配系数 K 小，保留时间短，反之，极性小的组分的分配系数 K 大，保留时间长。其固定相常采用十八烷基（C_{18}）、辛烷基（C_8）等化学键合相；流动相以水为基础溶剂再加入一定量与水混溶的有机极性溶剂（如甲醇、乙腈）以调节流动相的极性；流动相中有机溶剂的比例增大，组分的分配系数 K 减小，保留时间变短。

（三）离子交换色谱法

离子交换色谱法是以离子交换剂为固定相，用缓冲液为流动相，根据选择性差别而分离的方法。其固定相为化学键合离子交换剂，以全多孔微粒硅胶为载体，表面经化学反应键合上各种离子交换基团，如磺酸基（称阳离子交换剂）或季氨基（阴离子交换剂）等。流动相是具有一定 pH 值和离子强度的缓冲溶液，或含有少量有机溶剂以提高选择性。

离子交换色谱法广泛应用在生物医学领域，如氨基酸分析、肽和蛋白质的分离。也可作为有机和无机混合物的分离，还可作为对水、缓冲剂、尿、甲酰胺、丙烯酰胺的纯化手段，从有机物溶液中去除离子型杂质等。

（四）分子排阻色谱法

分子排阻色谱法又称为凝胶色谱法，是根据被分离样品中各组分分子大小的不同导致在固定相上渗透程度不同使组分分离。适合于分离大分子组分和组分的分子量的测定。目前使用的固定相为凝胶。流动相是能够溶解样品，还必须能润湿固定相，黏度也低的溶剂。

任务 9-1
知识锦囊

任务二

操作和使用高效液相色谱仪

任务清单 9-2
操作和使用高效液相色谱仪

名称	任务清单内容
任务情景	亳州是白芍的道地产地之一，某课题组从亳州市某乡镇采集了白芍药材，请你按照《中国药典》（2020 版，一部）中白芍的含量测定方法对采集的白芍进行含量测定

续表

名称	任务清单内容
任务分析	《中国药典》(2020版，一部) 药材和饮片部分白芍的含量照高效液相色谱法（通则0512）测定。色谱条件与系统适用性试验：以十八烷基硅烷键合硅胶为填充剂；以乙腈-0.1%磷酸溶液（14∶86）为流动相；检测波长为230nm。理论板数按芍药苷峰计算应不低于2000。对照品溶液的制备：取芍药苷对照品适量，精密称定，加甲醇制成每1mL含60μg的溶液，即得。供试品溶液的制备：取本品中粉约0.1g，精密称定，置50mL量瓶中，加稀乙醇35mL，超声处理（功率240W，频率45kHz）30min，放冷，加稀乙醇至刻度，摇匀，滤过，取续滤液，即得。测定法：分别精密吸取对照品溶液与供试品溶液各10μL，注入液相色谱仪，测定，即得。本品按干燥品计算，含芍药苷（$C_{23}H_{28}O_{11}$）不得少于1.6%
任务目标	1. 熟悉高效液相色谱仪的基本组件 2. 掌握高效液相色谱仪的使用 3. 会对高效液相色谱仪进行保养及对常见故障进行简单维修 4. 根据分析对象和要求选择合适的HPLC分离模式和分离条件 5. 根据高效液相色谱法的方法特点选择合适的定性定量方法
任务实施	1. 高效液相色谱仪的结构组成 2. 高效液相色谱仪的使用 3. 高效液相色谱仪的日常维护及常见故障 4. 高效液相色谱法分析条件的选择
任务总结	通过完成上述任务，你学到了哪些知识或技能

一、高效液相色谱仪的结构

高效液相色谱仪的基本组件主要包括：高压输液系统、进样系统、色谱分离系统、检测系统、数据记录处理和控制系统。典型的高效液相色谱仪结构示意图如图9-1所示。

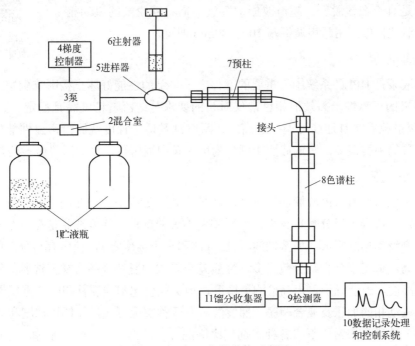

图9-1 HPLC仪器结构示意图

贮液瓶中的流动相经混合室混匀，被泵吸入，导入进样器。样品用注射器注入，随流动相通过预柱、色谱柱进行分离，然后进入检测器被检测，检测信号经过数据记录处理和控制系统处理，记录色谱图。若是制备色谱，可以使用馏分收集器。复杂样品采用梯度洗脱（借助于梯度控制器），使样品各组分均得到最佳分离。

（一）高压输液系统

输液系统的作用是将样品和流动相输送到色谱柱内进行分离，高压输液系统一般由贮液瓶、高压输液泵等组成。

1. 贮液瓶与流动相处理

（1）贮液瓶。贮液瓶用于存放流动相，一般是玻璃或四氟乙烯材质，容量为 0.5～2.0L，若流动相需避光，应选棕色瓶。流动相一般不能贮存于塑料容器中。因甲醇、乙腈等许多有机溶剂可浸出塑料表面的增塑剂，导致流动相受污染。贮液瓶放置位置要高于泵体，以便保持一定的输液静压差，在泵启动时易于让残留在溶剂和泵体中的微量气体通过放空阀排出。贮液瓶要密闭，以防止溶剂挥发引起流动相组成变化，也防止空气中的 O_2、CO_2 重新溶入已脱气的流动相。

（2）流动相处理。流动相所使用的各种有机溶剂应尽可能用色谱纯试剂，水最好为超纯水或重蒸馏水。流动相装入贮液瓶前必须进行过滤，即用 0.45μm（或 0.22μm）微孔滤膜滤过，除去杂质微粒；流动相装入贮液瓶后需进行脱气处理，除去其中溶解的气体，否则系统内容易逸出气泡，影响泵的工作。气泡还会影响柱的分离效率、检测器的灵敏度、基线的稳定性等；溶解气体还会引起溶剂 pH 的变化，给分离分析结果带来误差。

常用的脱气方法有超声波振动、抽真空、加热回流、吹氮以及真空在线脱气等。其中最简单常用的脱气方法是超声波振动脱气，脱气效果最佳的是真空在线脱气。超声波振动脱气只需将欲脱气的流动相置于超声波清洗机中，用超声波振荡 10～30min 即可。

2. 高压输液泵

高压输液泵是 HPLC 系统中最重要的部件之一。泵的性能好坏直接影响到整个系统的质量和分析结果的可靠性。高效液相色谱仪对泵的要求是：流量精度高且稳定，其 *RSD* 应小于 0.5%；流量范围宽且连续可调；耐高压、耐腐蚀及适于梯度洗脱；密封性能好、液缸容积小。高压泵的种类很多，按输液性能可分为恒流泵和恒压泵，目前用得最多的是恒流泵。

3. 梯度洗脱装置

高效液相色谱仪有等度洗脱和梯度洗脱两种方式。等度洗脱是在同一分析周期内流动相组成保持恒定，适合于组分数目较少、性质差别不大的试样。梯度洗脱是在一个分析周期内程序控制改变流动相的组成（如溶剂的极性、pH 和离子强度等），使所有组分都能在适宜条件下获得分离，适用于分析组分数目多、性质差异较大的复杂样品。梯度洗脱能缩短分析时间，提高分离度，改善峰形，提高检测灵敏度，但可能引起基线漂移和降低重现性。

按多元流动相的加压及混合顺序，梯度洗脱有两种实现方式，即低压梯度和高压梯度。低压梯度洗脱是在常压下将各种溶剂按比例混合后，再用高压输液泵输入色谱柱，其特点是只需一个高压输液泵，成本低廉、使用方便。

高压梯度洗脱是流动相用高压输液泵各吸一种溶剂增压后输入梯度混合室，混合后送入色谱柱，混合比由两个泵的速度决定。其主要优点是：只要通过梯度程序控制器控制每个泵的输出，就能获得任意形式的梯度曲线，而且精度很高。其主要缺点是：必须至少使用两个高压输液泵，因此仪器价格比较昂贵，故障率也相对较高。

（二）进样系统

进样系统的作用是将样品引入色谱柱，装在色谱柱的进口处。一般要求进样装置密封性和重复性好，死体积小，进样时对色谱系统的压力、流量影响小。常用进样器有六通进样阀和自动进样装置。

1. 六通进样阀

六通进样阀实物图见图9-2。六通进样阀进样时，先使阀处于装样（load）位置［如图9-3（a）］，用微量注射器将样品注入贮样管（也称定量环）。进样后，转动六通阀手柄至进样（injection）位置［如图9-3（b）］，贮样管内的样品被流动相带入色谱柱。进样体积是由定量环的容积严格控制的，因此进样量准确，重复性好。定量环常见的体积有5、10、20、50μL等，可根据需要更换不同体积的定量环。六通进样阀具有进样重现性好、能耐高压的特点。使用时注意必须使用HPLC专用平头微量注射器，不能使用尖头微量注射器，以免损坏六通进样阀。

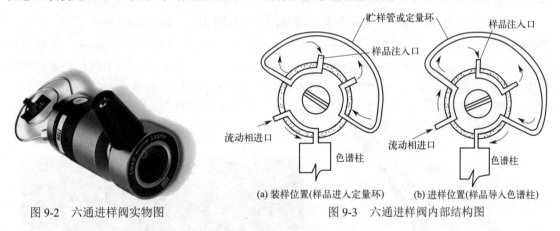

图9-2 六通进样阀实物图　　　　图9-3 六通进样阀内部结构图

六通进样阀的进样方式有满阀进样和不满阀进样两种，应注意：①用满阀进样时，注入的样品体积应不小于定量环体积的5~10倍，这样才能完全置换定量环内的流动相，消除管壁效应，确保进样的准确度及重现性；②用不满阀进样时，注入的样品体积应不大于定量环体积的50%，并要求每次进样体积准确、相同。此法进样的准确度和重现性决定于注射器取样的熟练程度。

2. 自动进样装置

自动进样装置由计算机自动控制进样阀、计量泵和进样针的位置，按预先编制的进样程序工作，自动完成定量取样、进样、洗针、复位和管路清洗等过程。计量泵精确控制进样量，由机械手将所需样品瓶送至取样针下方，取样针伸入样品溶液中，此时计量泵按照设定的进样量将样品抽入样品环。取样后移走样品瓶，取样针落下插入底座，同时阀转动，由流动相将样品带入色谱柱进行分析。进样量连续可调,进样重复性好,可自动按序列完成几十至上百个样品的分析,适合于大量样品的分析。操作者只需将装好样品的小瓶按一定次序放入样品架(转盘式、排式)上,然后输入程序(如进样次数、分析周期等)启动,设备会自行运转。采用自动进样器所得到的分析结果一般要优于手动进样,且可在无人看管的条件下实现多样品的自动分析。

(三)色谱分离系统

色谱分离系统包括保护柱、色谱柱、恒温装置等。分离系统性能的好坏是色谱分析的关键。

1. 保护柱

为挡住来源于样品和进样阀垫圈的微粒,保护色谱柱,常于色谱柱的入口端,装上与色谱柱相同固定相的短柱,即保护柱。保护柱是一种消耗性柱,一般只有 1～5cm,在使用一段时间后需要换新的柱芯。

2. 色谱柱

色谱柱为高效液相色谱仪最重要的部件,由固定相、柱管密封环、筛板(滤片)、接头等组成;柱管多为内壁抛光的不锈钢直形管,以减少管壁效应;固定相采用匀浆法高压装柱(80～100MPa)。每根柱端都有一块多孔性(孔径 1μm 左右)的金属烧结隔膜片(或多孔聚四氟乙烯片),用以阻止填充物逸出或注射口带入颗粒杂质,当反压增高时应予以更换。

色谱柱按用途可分为分析型和制备型(见图 9-4 和图 9-5),它们的规格也不同。常规分析柱内径 2～5mm,柱长 10～30cm;窄径柱内径 1～2mm,柱长 10～20cm;毛细管柱内径 0.2～0.5mm;实验室用制备柱内径 20～40mm,柱长 10～30cm;HPLC 色谱柱在装填固定相时是有方向性的,使用时流动相的方向应与柱的箭头标示的填充方向一致。

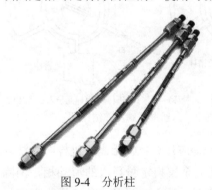
图 9-4 分析柱

图 9-5 制备柱

色谱柱的正确使用和维护十分重要,为防止柱效降低、使用寿命缩短甚至色谱柱损坏,应避免压力、温度和流动相的组成比例急剧变化及任何机械振动,温度的突然变化或者机械振动都会影响柱内固定相的填充状况;柱压的突然升高或降低也会冲动柱内填料。一般在色谱柱前需安装保护柱,以防不溶性颗粒物进入色谱柱造成堵塞;并将强保留组分截留在预柱上,避免进入色谱柱造成污染,延长色谱柱的使用寿命。

3. 柱温箱

柱温是液相色谱的重要参数,对保留时间、溶剂的溶解能力、色谱柱的性能、流动相的黏度都有影响。一般而言，HPLC色谱柱的操作温度对分析结果的影响不像GC柱温的影响那么大，且流动相中有机溶剂高温下易挥发；但较高柱温既能降低流动相的黏度，又能增加样品在流动相中的溶解度，改善分离度、缩短分析时间，故HPLC常用柱温范围为室温至60℃。

4. 色谱柱的性能评价

色谱柱的好坏必须以一定的指标进行评价，柱性能指标包括在一定实验条件下的柱压、塔板高度 H 和板数 n、拖尾因子 T、保留因子 k 和分离因子 a 的重复性或分离度 R。购买新的色谱柱或放置一段时间的色谱柱，使用前都需检验色谱柱的性能是否符合要求，检验条件可参考色谱柱附带的说明手册或检验报告。

常用烷基键合相柱以苯、萘、联苯为样品，流动相为甲醇-水（83:17，V/V），检测波长为254nm，进行色谱柱评价。

（四）检测系统

检测器是高效液相色谱仪的重要部件之一，其作用是将流出色谱柱的洗脱液中组分的量或浓度定量转化为可供检测的电信号。检测器应具有灵敏度高、响应快、噪声低、线性范围宽、重复性好、适用范围广、死体积小、对流动相流量和温度波动不敏感等特性。检测器按其适用范围可分为通用型和专属型两大类。通用型检测器检测的一般是物质的某些物理参数，如蒸发光散射和示差折光检测器等。专属型检测器对被检测物质的响应有特异性，如紫外检测器和荧光检测器等。目前应用较多的是紫外检测器、蒸发光散射检测器、荧光检测器、安培检测器等。

1. 紫外检测器

紫外检测器（UVD）是HPLC中应用最普遍的检测器，适用于有紫外吸收物质的检测，具有灵敏度高、线性范围宽、不破坏样品、对温度及流速波动不甚敏感等优点，可用于等度和梯度洗脱。缺点是不适用于对紫外线无吸收的样品，流动相选择有限制（流动相的截止波长必须小于检测波长）。紫外检测器的测定原理是朗伯-比尔定律，目前常用的有可变波长检测器及光电二极管阵列检测器。

（1）可变波长检测器。可变波长检测器是目前配置最多的检测器，一般采用氘灯为光源，按需要选择待测组分的最大吸收波长为检测波长，以提高检测灵敏度。但由于光源发出的光是通过单色器分光后照射到流通池（样品）上，单色光强度相应减弱，因此，这种检测器对光电转换元件及放大器要求都较高。其光路系统和紫外分光光度计相似，只是吸收池中的液体是流动的（故称流通池），因而检测也是动态的。

（2）光电二极管阵列检测器。光电二极管阵列检测器（DAD）是20世纪80年代出现的一种光学多通道检测器。采用光电二极管阵列（阵列由几百至上千个光电二极管组成）作为检测元件，由光源发出紫外或可见光通过流通池，被组分选择性吸收后，经过光栅分光后照射到二极管阵列上同时被检测（图9-6），用电子学方法及计算机技术对二极管阵列快速扫描采集数据，经计算机处理后得到三维色谱光谱图（图9-7）。一次色谱操作可获得色谱-光谱的三维图，同时提供定性定量信息。此外，可对色谱峰的指定位置（如峰前沿、峰顶、峰后沿）实时记录吸收光谱图并进行比较，可判断色谱峰的纯度和分离情况。

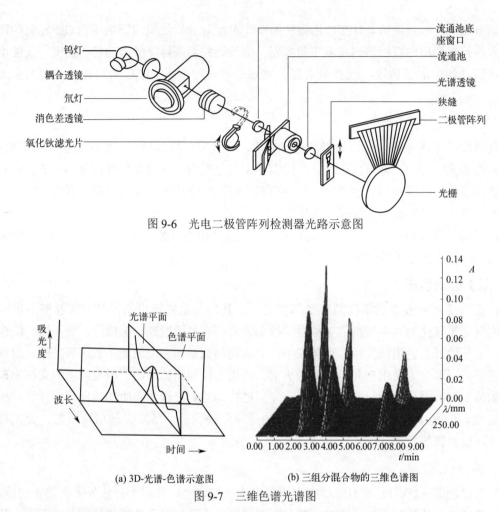

图 9-6 光电二极管阵列检测器光路示意图

(a) 3D-光谱-色谱示意图   (b) 三组分混合物的三维色谱图

图 9-7 三维色谱光谱图

2. 蒸发光散射检测器

蒸发光散射检测器（ELSD）是 20 世纪 90 年代出现的通用型检测器。适用于挥发性低于流动相的组分的检测，主要用于检测糖类、高级脂肪酸、维生素、磷脂、氨基酸、皂苷类等化合物，对各种物质几乎有相同的响应，检测限一般为 8～10ng。灵敏度较低，尤其对有紫外吸收的组分；此外流动相必须是挥发性的，不能含有非挥发性的缓冲盐等。

蒸发光散射检测器检测原理是色谱柱后流出液在通向检测器的途中与高流速载气（常用高纯氮）混合，形成微小均匀的雾状液滴。液滴在加热的蒸发漂移管中，流动相蒸发而被除去，样品组分则形成不挥发的微小颗粒，被载气带入检测室，在强光或激光照射下产生光散射，散射光用光电二极管检测产生电信号，电信号的强度与组分颗粒的大小和数量有关。颗粒的数量取决于流动相的性质、载气和流动相的流速。当载气和流动相的流速恒定时，散射光的强度仅取决于被测组分的浓度。其结构原理见图 9-8。

3. 荧光检测器

荧光检测器（FD）利用化合物在紫外线激发下产生荧光的性质对组分进行检测。FD 适用于在紫外线激发下能产生荧光的物质的检测，或本身不产生荧光但能利用荧光试剂在柱前或柱后衍生化转化成荧光衍生物的物质的检测。FD 的灵敏度比 UVD 的灵敏度高 2～3 个数量级，选择性好，常用于酶、生物胺、维生素、甾体化合物、氨基酸等成分的检测，是体内药物分析常用的检测器之一，FD 的缺点是定量分析的线性范围较窄。

4. 安培检测器

安培检测器是电化学检测器（ECD）中应用最广泛的一种检测器，由恒电位仪和一薄层反应池（体积为 1～5μL）组成。该检测器检测依据是：待测物流入反应池时在工作电极表面发生氧化或还原反应，两电极间就有电流通过，此电流大小与待测物浓度呈正比。采用安培检测器时，流动相必须含有电解质，且呈化学惰性。

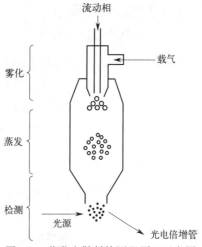

图 9-8　蒸发光散射检测器原理示意图

它最适于与反相色谱匹配，安培检测器只能检测具有电活性（或氧化还原活性）的物质，如生物胺、酚、羰基化合物、巯基化合物等，在生化样品分析中应用广泛，是迄今最灵敏的 HPLC 检测器，尤其适合痕量组分的分析。

（五）数据记录处理和控制系统

使用色谱工作站来记录和处理色谱分析的数据。色谱工作站是由一台计算机来实时控制色谱仪器，并进行数据采集和处理。它由硬件和软件两个部分组成。硬件是一台计算机，加上色谱数据采集卡和色谱仪器控制卡。软件包括色谱仪实时控制程序，峰识别和峰面积积分程序，定量计算程序，报告打印程序等。色谱工作站在数据处理方面的功能有：色谱峰的识别、基线的校正、重叠峰和畸形峰的解析、计算峰参数（包括保留时间、峰高、峰面积、半峰宽等）、定量计算组分含量等。

二、高效液相色谱仪的使用

以皖仪 LC3200 系列高效液相色谱仪四元低压梯度为例。见图 9-9 和图 9-10。

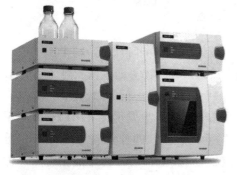

图 9-9　皖仪 LC3200 系列高效液相色谱仪

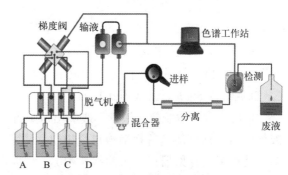

图 9-10　四元低压梯度系统原理图

（一）前处理流程

1. 流动相与样品的处理

流动相与样品的处理见图 9-11。

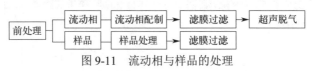

图 9-11　流动相与样品的处理

2. 更换色谱柱

如图 9-12，将色谱柱按溶液流向拧紧后，固定在色谱柱卡扣上，关上柱温箱门。

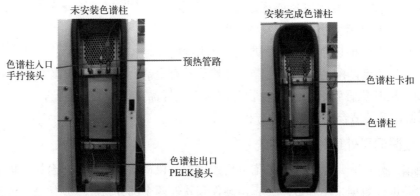

图 9-12　柱温箱内部示意图

3. 替换流动相

替换流动相时，请参考图 9-13 所示的步骤进行替换。特别注意替换前一定要先确定替换前后的两种流动相是否互溶。当替换为互不相溶的流动相时，请一定先用能够溶解两方的流动相完全替换后，再替换为目的流动相。

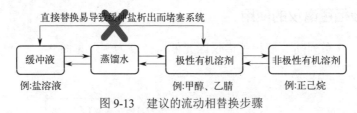

图 9-13　建议的流动相替换步骤

对于四元低压梯度系统，首先需要在低压梯度泵上按箭头方向顺时针旋转约半圈"放空阀"（图 9-14），然后在软件采集面板中，点击"Purge"按钮，在弹出界面中依次排空 A、B、C、D 流路各 5min 以上（图 9-15）。

同时观察"放空阀废液管"废液出口是否有液体正常流出，如果发现废液出口长时间无液体流出，则可能是置换溶液过程中引入大量空气，需手动放空（即拧开图 9-16 中鲁尔接头，使用医用注射器插入鲁尔接头中），手动抽取废液 5～10mL 即可，待排液正常后，拧好鲁尔接头，继续正常排液。

图 9-14　四元低压梯度泵

图 9-15　Purge 示意图

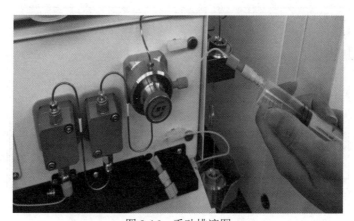

图 9-16　手动排液图

4. 进样器洗针液的更换与补充

进样器内部布局图见图 9-17。

自动进样器具有机械的连续、准确、高效的进样功能，平时在进样前，应确保洗针液瓶中有足够的清洗液，以确保进样的准确，以牡丹皮实验为例，该样品最终是溶解在甲醇中，故本实验中洗针液可选择甲醇（洗针液也需要过滤、脱气）。

更换或补充清洗液后关闭进样器门，再点击软件面板中进样器的"开始冲洗"按钮两到三次，每次清洗时长约 5min，会自动停止，使之充分置换管路内残留的清洗液。

图 9-17　进样器内部布局图

5. 平衡系统

（1）仪器开机：通常先开电脑再开仪器。

（2）放空排液：打开放空阀，启动 Purge。Purge 目的是快速置换原管路中溶液、排除管路中的气泡。

（3）设定方法：依据标准设置仪器方法（见系统操作流程部分）。

（4）加载方法：让仪器运行设定的方法。

（5）平衡系统：压力及柱温稳定需一定时间，氘灯预热需 30min，因此需要连续 10min 及以上的基线与横轴平行为止（图 9-18）。

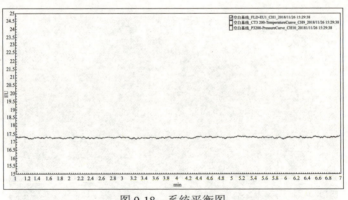

图 9-18　系统平衡图

（二）系统操作流程

系统操作流程见图 9-19。

三、高效液相色谱仪的日常维护及常见问题

（一）高效液相色谱仪的日常维护

1. 清洗溶剂过滤头

溶剂过滤头可对流动相进行初步过滤，但由于长时间浸泡或使用，容易堵塞、污染，造成泵压升高等一系列故障。因此，经常清洗溶剂过滤头是对高效液相色谱仪进行维护的重要步骤。

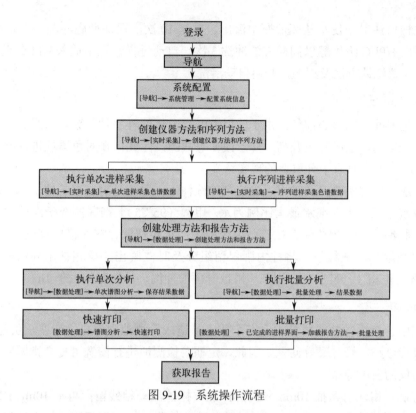

图 9-19 系统操作流程

处理方法：溶剂过滤头浸泡于 5% 硝酸溶液中，超声清洗 10min，再用 HPLC 级水清洗数次即可（塑料过滤头不可超声）；或将溶剂过滤头于 5% 硝酸溶液中浸泡过夜，轻轻振荡 3～5 次，再将过滤器用 HPLC 级水冲洗。待清洗完毕，将其安装在系统上，放入流动相设流速为 5mL/min，打开排气阀，进行 Purge 清洗，如仍有气泡不断从过滤器冒出，继续将过滤器浸泡于 5% 硝酸溶液中，如没有气泡不断从过滤器中冒出，说明过滤器内部的霉菌菌团已被硝酸破坏，流动相可以流畅地通过过滤器。

2. 清洗单向阀

流动相中若添加缓冲盐等物质，在有机相比例高的情况下容易析出盐颗粒，造成球座上有细微固体颗粒，导致宝石球和球座密封性不好，从而导致单向阀堵塞、污染。因此，在使用含缓冲盐类的流动相后，应及时冲洗泵或清洗单向阀，以保证单向阀的正常使用。

处理方法：将入口单向阀和出口单向阀分别标注，然后置于预先加入纯净水的玻璃烧杯中，注意将宝石球向上放置，纯净水超声清洗 10min 以上（纯净水最好事先加热至 50℃ 左右，效果更好），再换甲醇超声清洗 15min。

3. 清洗进样阀

进样阀的清洗不可疏忽，若不清洗干净，容易引起鬼峰、分叉峰等杂质峰干扰样品出峰，影响结果的准确性。

处理方法：若分析样品中不含缓冲盐，则用 10mL 注射器吸取 10 倍定量环体积的 HPLC 级水，从进样口注射，使水从废液瓶中流出，重复 3 次；而后用 HPLC 级甲醇以同样方法冲洗 3 次即可。若分析样品中含有缓冲盐，则先用 10mL 注射器吸取 10 倍定量环体积的 HPLC

级水，从进样口注射，使水从废液瓶中流出，重复 10 次，保证彻底冲洗干净定量环中的缓冲盐；而后用 HPLC 级甲醇以同样方法冲洗 3 次。自动进样装置中放入 HPLC 级水和 HPLC 级甲醇瓶，设置洗针方法及程序，开启自动清洗。

4. 冲洗色谱柱

色谱柱是 HPLC 的核心部件，由于使用 HPLC 分析的样品种类繁多，组成复杂，色谱柱极易被污染、堵塞，造成柱压升高、峰形改变等故障。因此，在对色谱柱进行维护方面，延长其使用效率及寿命具有十分重要的现实意义。

处理方法：做完实验，及时用适当溶剂冲洗柱子，尤其是对过夜的柱子，一定要用足量的 HPLC 级水［忌纯水，纯水最大比例为水 - 甲醇（95∶5）］彻底冲洗干净其中的盐类，再用甲醇或乙腈冲洗，反相柱保存在乙腈或甲醇中；正相柱保存在非极性有机溶剂（如己烷）中。经常用强溶剂冲洗柱子，将柱内强保留组分及时洗脱出。反相柱用异丙醇 - 二氯甲烷（1∶1）冲洗，正相柱（硅胶柱）用纯甲醇或异丙醇冲洗，冲洗时间大于 1h。

5. 清洗检测池

流动相中含有缓冲盐或样品中含有杂质，易造成检测池中污染、堵塞，引起基线不稳、漂移或是峰形过小、峰分叉等问题。因此，定期对检测池进行清洗可提高谱图质量，延长高效液相色谱仪的使用寿命。

处理方法：用注射器抽 10mL 异丙醇冲洗，排掉流动相残留；再抽 10mL HPLC 级纯水冲洗检测池；而后抽取 10mL、6mol/L 硝酸，冲洗检测池去掉沉积物，操作此步骤应十分小心；最后至少用 100mL HPLC 级纯水正向冲洗检测池。为了减少上述操作的麻烦，清洗更充分，可采用以下步骤：准备一清洗瓶，将清洗瓶放置于高于检测池 40cm 的地方；拆下柱子，在检测器出口处接一根约 50cm 长的聚乙烯管；将管子浸入清洗瓶中；然后利用重力使清洗液自然流经检测池，并在检测器进口处用吸耳球吸液。冲洗溶液顺序为：50mL 异丙醇—50mL 蒸馏水—250mL 6mol/L 硝酸—100mL 蒸馏水。用此法冲洗不需要拆开检测池，无损于管路，可用较大体积的清洗液缓慢冲洗。

（二）高效液相色谱仪使用中的常见问题

1. 流动相内有气泡

关闭泵，打开泄压阀，打开 Purge 键（或设置高流速）清洗脱气，气泡不断从过滤器冒出进入流动相，无论打开 Purge 键几次都无法清除不断产生的气泡。原因是过滤器长期沉浸于乙酸铵等缓冲液内，过滤器内部由于霉菌的生长繁殖形成菌团发生阻塞，缓冲液难以流畅地通过过滤器，空气在泵的压力作用下经过滤器进入流动相。

处理方法：过滤器浸泡于 5% 硝酸溶液中超声清洗几分钟即可；亦可将过滤器浸泡于 5% 硝酸溶液中 12～36h，轻轻振荡几次，再将过滤器用纯水清洗几次。打开泄压阀，打开 Purge 键清洗脱气，如仍有气泡不断从过滤器冒出，继续将过滤器浸泡于 5% 硝酸溶液中；如没有气泡不断从过滤器中冒出，说明过滤器内部的霉菌菌团已被硝酸破坏，流动相可以流畅地通过过滤器。打开泄压阀，打开泵，流速调至 1.0～3.0mL/min，纯水冲洗过滤器 1h 左右，即可将过滤器清洗干净。关闭阀纯甲醇冲洗半小时即可。

2. 高压输液泵压力问题

常见泵压问题的产生原因及解决方法见表 9-1。

表 9-1 常见泵压问题的产生原因及解决方法

常见故障	产生原因	解决方法
无压力	流动相污染或其黏度过高	选择合适流动相及比例，重新配制，并用 0.45μm 滤膜进行过滤
	流动相中有缓冲盐，造成单向阀堵塞	设流速为 5mL/min，拧松排气阀，进行 Purge
	泵内有气体	设流速为 5mL/min，拧松排气阀，进行 Purge
	高压密封垫变形	更换高压密封垫
压力不稳	单向阀污染（流动相中有盐析出，造成球座上有细微固体颗粒，导致宝石球和球座密封性不好）	设流速为 5mL/min，拧松排气阀，进行 Purge
	滤芯（又称过滤白头，位于排气阀内）堵塞	10% 异丙醇超声 0.5h，后用 HPLC 级水冲洗干净
	泵内或溶剂内有空气	设流速为 5mL/min，拧松排气阀，进行 Purge，溶剂进行超声脱气
	系统漏液	检查漏液处，根据情况拧紧或更换装置
	色谱柱堵塞	根据实际情况，对色谱柱冲洗过夜
	溶剂过滤头堵塞	放入重蒸水中超声清洗（塑料滤头除外）
压力过高	溶剂过滤头堵塞	放入重蒸水中超声清洗（塑料滤头除外）
	滤芯（又称过滤白头，位于排气阀内）堵塞	10% 异丙醇超声 0.5h，后用 HPLC 级水冲洗干净
	在线过滤器污染	将在线过滤器的筛板取出，分别用 HPLC 级水和甲醇各超声清洗，或者直接更换筛板
	流动相配比不合理（不同配比流动相黏度不同）	仔细查阅文献，并精确量取所需溶液进行混合
	管路堵塞	根据实际情况，冲洗过夜
	手动进样器堵塞	用注射器吸取适量体积的 HPLC 级水，注射入进样口，使水体积超过定量环体积，从废液瓶流出，重复操作多次
	色谱柱污染	根据实际情况，对色谱柱冲洗过夜
	混合器污染	拆卸下混合器，放入 HPLC 级水中超声清洗
压力过低	泵内有气泡	拧松排气阀，将注射器连接到排气阀上进行抽气排气；溶剂进行超声脱气
	泵头漏液（流动相中有盐，高压密封垫圈老化快；强酸强碱使高压密封垫腐蚀损坏）	更换高压密封垫
	系统漏液	检查漏液处，根据情况拧紧或更换装置

3. 基线问题

常见基线问题的产生原因及解决方法见表 9-2。

表 9-2 常见基线问题的产生原因及解决方法

常见故障	产生原因	解决方法
基线漂移（或上下波动）	系统漏液、有空气进入	检查各线路并拧紧；设流速为 5mL/min，拧松排气阀，进行 Purge
	流动相不纯、污染、未脱气	重新配制流动相，并进行超滤及超声脱气
	流动相比例不当，或混合不均匀	重新精密量取各溶液并混合均匀配制流动相
	色谱未平衡好	继续进行平衡，直至基线稳定

续表

常见故障	产生原因	解决方法
基线漂移（或上下波动）	色谱柱后期污染	根据实际情况，对色谱柱冲洗过夜
	样品未走完	继续走完样品，直至不再出峰
	样品中有强保留物质（出馒头峰）	更换更强极性的流动相冲洗色谱柱，而后平衡柱子
	柱温波动	避免柱子放置于有气流或有阳光的地方，柱温箱控温
	检测池污染	清洗检测池
	紫外灯使用到极限或出现故障	更换或维修紫外灯
	电压不稳	检查电压，配备 UPS 稳压器
	检测器未设定在最大吸收波长处	查阅文献或进行光谱扫描，并设定在最大吸收波长检测

4. 峰形问题

常见峰形问题的产生原因及解决方法见表 9-3。

表 9-3 常见峰形问题的产生原因及解决方法

常见故障	产生原因	解决方法
拖尾峰	色谱柱碰撞，造成柱内固定相振动形成空隙或不均匀	更换色谱柱
	柱超载，进样量过大	降低样品量
	流动相配比或流速不合理	选择合适的流动相配比或者流速
	流动相 pH 不合理	选择合适的 pH
	色谱柱选择不合理，死体积或柱外体积过大	更换合适的色谱柱
	样品不纯，峰干扰	纯化样品
	柱温低	选择合适的柱
前延峰	溶解样品选择的溶剂不是流动相	选用流动相溶解样品
	流动相配比或流速不合理	选择合适的流动相配比或者流速
	流动相 pH 不合理	选择合适的 pH
	样品过载	减少进样量或降低样品浓度
	色谱柱选择不合理	更换合适的色谱柱
	柱温低	选择合适的柱温
平头峰	检测池污染	清洗检测池
	紫外灯出现故障	维修紫外灯
	进样量太大	减少进样量
分叉峰（双峰/肩峰）	保护柱污染	更换保护柱
	色谱柱污染或失效	根据实际情况，对色谱柱冲洗过夜
	进样阀污染或损坏	用注射器吸取适量体积的 HPLC 级水，注射入进样口，使水体积超过定量环体积，从废液瓶流出，重复操作多次
	检测池污染	清洗检测池
	溶解样品选择的溶剂不合理	选择合适的溶剂

5. 出峰的其他问题

常见出峰的其他问题的产生原因及解决方法见表 9-4。

表 9-4 关于出峰的其他问题的产生原因及解决方法

常见故障	产生原因	解决方法
倒峰	检测器的极性接反	维修检测器
	检测器氘灯衰减	更换氘灯
	光学装置尚未达到平衡	预热 30min 平衡系统
	如果流动相中有紫外吸收的杂质，无吸收的组分就会产生倒峰	重新配制流动相，避免污染
	流动相吸收本底高或样品组分的吸收低于流动相的吸收	重选合适的流动相
	进样过程中进入空气	规范操作，重新进样
鬼峰	进样阀残余峰	进针前需清洗进样阀，进样后等所有峰都走完再进行后续操作
	色谱柱污染	根据实际情况，对色谱柱冲洗过夜
	柱未平衡	重新平衡柱
	样品中存在未知物	改进预处理方法，纯化样品
	流动相不纯净，如水污染	重新配制流动相，检查水质量，用 HPLC 级的水
	流路中有小气泡	设流速为 5 mL/min，拧松排气阀，进行 Purge
峰过小	紫外灯出现故障	维修紫外灯
	样品黏度过大	选择合适的流动相溶解样品或对样品进一步纯化
	样品不能在紫外检测器下检测	选用带有非紫外检测器的 HPLC 对样品进行检测
	样品进样量不足	增加进样量
	定量环体积不正确	维修定量环
	流动相比例不对或流动相不对	选择合适比例的流动相
	检测池污染或有气泡	清洗检测池
峰展宽	系统内有气泡	设流速为 5mL/min，拧松排气阀，进行 Purge
	样品过载	减小样品浓度或减小进样体积
	检测器时间常数过大	调节检测器时间显示范围
	系统未达到平衡	继续平衡，直至基线稳定
	溶解样品的溶剂极性大	选择合适的溶剂
	色谱柱尺寸及类型选择不正确	选用合适的色谱柱
	色谱柱或保护柱被污染或柱效降低	更换合适的色谱柱；或根据实际情况，对色谱柱冲洗过夜
	温度变化	开启柱温箱，避免柱子放置于有气流或有阳光的地方

6. 保留时间问题

常见保留时间问题的产生原因及解决方法见表 9-5。

表 9-5 保留时间问题的产生原因及解决方法

常见故障	产生原因	解决方法
保留时间缩短	流速增加	检查泵，重新设定流速
	样品超载	降低样品量
	键合相流失	流动相 pH 值保持在 7.5，检查装柱方向是否正确
	流动相组成变化	防止流动相蒸发或沉淀
	温度增加	保持柱子恒温，避免放置于阳光照射到的地方

续表

常见故障	产生原因	解决方法
保留时间延长	流速下降，管路泄漏	更换泵密封圈，排除泵内气泡
	硅胶柱上活性点变化	用流动相改性剂（如加三乙胺），或采用碱钝化色谱柱
	流动相组成变化	防止流动相蒸发或沉淀
	温度降低	保持柱子恒温，避免放置于空调出风口

任务9-2 知识锦囊

任务三

应用高效液相色谱法进行定性和定量分析

任务清单 9-3
应用高效液相色谱法进行定性和定量分析

名称	任务清单内容
任务情景	测定某饮片厂采购的某批黄芩药材的含量是否符合《中国药典》规定
任务分析	按照《中国药典》（2020版，一部）药材和饮片部分，黄芩的含量测定如下。 （1）色谱条件与系统适用性试验：以十八烷基硅烷键合硅胶为填充剂；以甲醇-水-磷酸（47∶53∶0.2）为流动相；检测波长为280nm。理论板数按黄芩苷峰计算应不低于2500。 （2）对照品溶液的制备：精密称取在60℃减压干燥4h的黄芩苷对照品适量，加甲醇制成每1mL含60μg的溶液，即得。 （3）供试品溶液的制备：取本品中粉约0.3g，精密称定，加70%乙醇40mL，加热回流3h，放冷，滤过，滤液置100mL量瓶中，用少量70%乙醇分次洗涤容器和残渣，洗液滤入同一量瓶中，加70%乙醇至刻度，摇匀。精密量取1mL，置10mL量瓶中，加甲醇至刻度，摇匀，即得。 （4）测定法：分别精密吸取对照品溶液与供试品溶液各10μL，注入液相色谱仪，测定，即得。 本品按干燥品计算，含黄芩苷（$C_{21}H_{18}O_{11}$）不得少于9.0%
任务目标	1. 掌握应用高效液相色谱法进行定性分析的方法 2. 掌握应用高效液相色谱法进行定量分析的方法
任务实施	1. 高效液相色谱法进行药品定性分析的方法 2. 高效液相色谱法进行药品定量分析的方法
任务总结	通过完成上述任务，你学到了哪些知识或技能

HPLC已广泛使用于微量有机药物、中草药及食品中有效成分的分离鉴定、检查和含量测定。近年来，其对体液中原型药物及其代谢产物的分离分析，无论在灵敏度、专属性及快

速性方面都有独特的优点,已成为体内药物分析、药物研究及临床检验的重要手段。

一、定性与定量分析

(一)定性分析

高效液相色谱法的定性分析方法可以分为色谱定性法和非色谱定性法,后者又分为化学定性法和色谱-光谱联用定性法。

1. 色谱定性法

色谱定性法是利用色谱定性参数如保留时间对组分进行定性分析,该方法定性分析的依据与气相色谱法中的已知物对照法相同。

2. 化学定性法

利用专属性化学反应对分离后收集的组分进行定性,通常是收集色谱馏分,再与官能团鉴定试剂反应;该法只能鉴别组分属于哪一类化合物。

3. 色谱-光谱联用定性法

色谱-光谱联用可分为非在线联用和在线联用。非在线联用是用 HPLC 获得纯组分,用 IR、MS、核磁共振层析术(NMR)等分析手段进行鉴定。在线联用采用联用仪能同时获得定性、定量分析信息。重要的联用仪有 HPLC-FTIR、HPLC-MS 及 HPLC-NMR 等。

(二)定量分析

液相色谱的定量分析方法有外标法和内标法,外标法又分为外标一点法和标准曲线法。归一化法较少使用,具体内容见气相色谱技术。在测定药物杂质含量时,还可采用加校正因子的主成分自身对照法和不加校正因子的主成分自身对照法。

二、高效液相色谱法的应用示例

现举例说明 HPLC 在中药研究中的应用。

(一)在定性分析中的应用示例

以白芷中欧前胡素、异欧前胡素、氧化前胡素的定性分析为例。

(1)色谱条件。色谱柱:C_{18} 柱;流动相:甲醇为流动相 A,水为流动相 B;按表 9-6 进行梯度洗脱;流速:1.0mL/min;检测器:UVD;$\lambda=250$nm。

表 9-6 梯度洗脱表

时间/min	流动相 A/%	流动相 B/%
0～5	55→65	45→35
5～12	65	35
12～30	65→83	35→17

(2)对照品溶液的制备。精密称取欧前胡素、异欧前胡素、氧化前胡素对照品适量,加甲醇制成每 1mL 分别含 0.13mg、0.04mg、0.13mg 的混合对照品溶液。

(3)样品溶液的制备:白芷粉末约 1g,精密称定,置 50mL 具塞锥形瓶中,精密加入甲醇 25mL，称定重量，超声处理（功率 100W，频率 40kHz）40min，放冷，用甲醇补足减失的重量，摇匀，滤过，取续滤液用 0.45μm 微孔滤膜滤过，即得。

（4）分别精密吸取对照品溶液与样品溶液各 10μL，注入液相色谱仪，测定，得色谱图（图 9-20）。

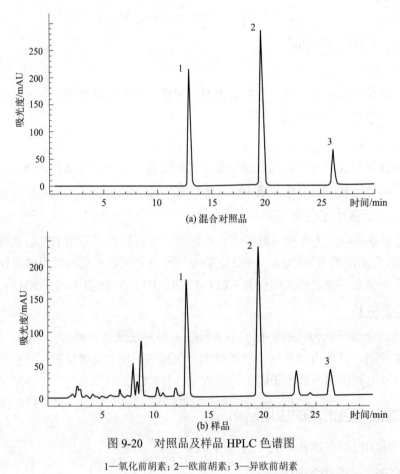

图 9-20　对照品及样品 HPLC 色谱图

1—氧化前胡素；2—欧前胡素；3—异欧前胡素

样品色谱中，在与对照品色谱峰保留时间相同的位置有相应色谱峰，说明白芷中含有欧前胡素、异欧前胡素、氧化前胡素 3 种成分。

（二）在定量分析中的应用示例

以外标法测定黄芩药材中黄芩苷的含量，并判断其含量是否符合《中国药典》的规定为例。

（1）测定条件。色谱柱：C_{18} 柱；流动相：甲醇 - 水 - 磷酸（47∶53∶0.2）；检测波长：280nm。

（2）样品溶液的制备：精密称取 0.3360g 黄芩细粉（干燥品），提取后定容为 1000mL，作样品溶液。

（3）测定：分别精密吸取对照品溶液（c 为 0.04mg/mL）与供试品溶液各 10μL，注入液相色谱仪中，测得对照品溶液的峰面积 A_s=65355，供试品溶液的峰面积 A_i=60214，计算药材中黄芩苷的含量。

$$\frac{c_i}{c_s}=\frac{A_i}{A_s} \qquad m_i=cV$$

A_i=60214　　　　A_s=65355　　　　c_s=0.04mg/mL

$$c_i=\frac{A_i}{A_s}c_s=\frac{60214}{65355}\times 0.04=0.0369（mg/mL）$$

因此，药材中黄芩苷的含量为：

$$x\%=\frac{m_i}{m_{总}}\times 100\%=\frac{0.0369\times 1000}{336}\times 100\%=10.98\%$$

按《中国药典》（2020 版，一部）黄芩的含量测定中，按干燥品计算，含黄芩苷（$C_{21}H_{18}O_{11}$）不得少于 9.0%，因此，该黄芩中药材含量符合规定。

分别用内标对比法和校正因子法测定牡丹皮中丹皮酚的含量。

（1）测定条件。色谱柱：C_{18}柱；流动相：甲醇 -1% 冰乙酸（45∶55）；检测波长：254nm。

（2）内标溶液的制备：精密称取醋酸地塞米松适量，加流动相配制成 1.0mg/mL 的溶液，作为内标贮备液。

（3）标准品溶液的制备：精密称取丹皮酚标准品适量，加流动相配制成 0.5mg/mL 的溶液，作为标准贮备液。精密吸取 1mL 置 10mL 量瓶中，加内标溶液 1mL，用流动相定容，即得标准品溶液。

（4）样品溶液的制备：取牡丹皮粗粉 1.5g，提取分离后，定容为 50mL，滤过，精密量取续滤液 1mL，置 10mL 容量瓶中，加内标溶液 1mL，加甲醇稀释至刻度，摇匀，即得。

（5）测定：分别吸取标准品溶液和样品溶液各 10μL，注入液相色谱仪中，测得标准品溶液中醋酸地塞米松和丹皮酚峰面积分别为 4500、4140，样品溶液中醋酸地塞米松和丹皮酚峰面积分别为 4350、3321。分别用内标对比法和校正因子法计算牡丹皮中丹皮酚的含量。

① 内标对比法

$$(c_{丹})_{样}=\frac{(A_{丹}/A_{醋})_{样}}{(A_{丹}/A_{醋})_{标}}\times (c_{丹})_{标}=\frac{(3321/4350)}{(4140/4500)}\times 0.05=0.0415（mg/mL）$$

$$w_{丹}(\%)=\frac{m_{丹}}{m_{总}}\times 100\%=\frac{0.0415\times 10\times 50}{1.5\times 1000}\times 100\%=1.38\%$$

② 校正因子法。由标准品溶液计算校正因子：

由 $\frac{m_i}{m_s}=\frac{f_iA_i}{f_sA_s}$，得 $\frac{f_i}{f_s}=\frac{m_iA_s}{m_sA_i}$

$$\frac{f_{丹}}{f_{醋}}=\frac{m_{丹}A_{醋}}{m_{醋}A_{丹}}=\frac{0.05\times 0.01\times 4500}{0.1\times 0.01\times 4140}=0.543$$

样品溶液中丹皮酚浓度：已知 $m=c\times V$，当进样体积相同时

$$c_{丹}=\frac{f_{丹}A_{丹}}{f_{醋}A_{醋}}c_{醋}=0.543\times \frac{3321}{4350}\times 0.1=0.0415（mg/mL）$$

牡丹皮中丹皮酚的含量：

$$w_{丹}=\frac{m_{丹}}{m_{总}}\times 100\%=\frac{0.0415\times 10\times 50}{1.5\times 1000}\times 100\%=1.38\%$$

任务 9-3 知识锦囊

知识测试与能力训练

一、简答题

1. 何为化学键合相，有哪些类型？分别用于哪些液相色谱法中？
2. 高效液相色谱法中，对流动相有何要求？如何选择流动相？
3. 高效液相色谱仪由哪几大系统组成？各有什么作用？
4. 高效液相色谱法对泵的要求是什么？
5. 采用梯度洗脱的优点是什么？

二、计算题

《中国药典》（2020 版，一部）白芍的【含量测定】照高效液相色谱法（通则 0512）测定。

色谱条件与系统适用性试验：以十八烷基硅烷键合硅胶为填充剂；以乙腈 -0.1% 磷酸溶液（14：86）为流动相；检测波长为 230nm。理论板数按芍药苷峰计算应不低于 2000。

对照品溶液的制备：取芍药苷对照品适量，精密称定，加甲醇制成每 1mL 含 60μg 的溶液，即得。

供试品溶液的制备：取本品中粉约 0.1g，精密称定，置 50mL 量瓶中，加稀乙醇 35mL，超声处理（功率 240W，频率 45kHz）30min，放冷，加稀乙醇至刻度，摇匀，滤过，取续滤液，即得。

测定法：分别精密吸取对照品溶液与供试品溶液各 10μL，注入液相色谱仪，测定，即得。

本品按干燥品计算，含芍药苷（$C_{23}H_{28}O_{11}$）不得少于 1.6%。

根据上述内容进行对照品配制：取芍药苷对照品（来源：中检院，批号：110736-201640，纯度 S：95.2%）10.03mg 置 100mL 量瓶中，加甲醇至刻度。

$$A_{芍药苷} = 504.63501 \qquad A_{供试品} = 310.93646$$
$$m_{白芍样品} = 0.1026g \qquad Q（水分）= 10.32\%$$

计算白芍中芍药苷的含量，并判断结果是否符合规定。

实验能力训练十

高效液相色谱法测定牡丹皮中丹皮酚的含量

【仪器及用具】

高效液相色谱仪、ODS 色谱柱、万分之一天平、十万分之一天平、10mL 容量瓶、150mL 具塞锥形瓶、50mL 移液管、超声波清洗器、2mL 一次性注射器、有机滤头、抽滤瓶、有机微孔滤膜、胶头滴管、封口膜、1L 玻璃流动相瓶、1000mL 容量瓶、1mL 吸量管等。

【试剂和药品】

牡丹皮、丹皮酚、甲醇（色谱纯）、纯化水等。

【实验内容及操作过程】

序号	步骤	操作方法及说明	操作注意事项
1	供试品溶液的制备	取本品粗粉约 0.5g，精密称定，置具塞锥形瓶中，精密加入甲醇 50mL，密塞，称定重量，超声处理（功率 300W，频率 50kHz）30min，放冷，再称定重量，用甲醇补足减失的重量，摇匀，滤过，精密量取续滤液 1mL，置 10mL 量瓶中，加甲醇稀释至刻度，摇匀，即得	《中国药典》凡例中粗粉的定义；精密称定所选合适分度值天平及称量范围；超声仪功率、频率的要求；称重与补重的意义；续滤液的取用方法；过 0.45μm 的有机微孔滤膜
2	对照品溶液的制备	取丹皮酚对照品适量，精密称定，加甲醇制成每 1mL 含 20μg 的溶液，即得	对照品来源、批号、纯度；对照品精密称定所选分度值天平及称量范围；定容液面与刻度线相切；过 0.45μm 的有机微孔滤膜
3	流动相的处理	流动相以甲醇-水（45∶55）为流动相，单泵需预混配制适量流动相，二元泵以上可以直接选择两相在线混合	甲醇选用色谱纯；流动相需用 0.45μm 的微孔滤膜抽滤；超声脱气
4	更换色谱柱	将色谱柱按溶液流向拧紧后，固定在色谱柱卡扣上，关上柱温箱门	防止漏液
5	替换流动相	将流动相替换为目的流动相	替换前一定要先确定替换前后的两种流动相是否互溶。当替换为互不相溶的流动相时，请一定先用能够溶解两方的流动相完全替换后，再替换为目的流动相
6	开机	依次按下各单元按钮，仪器开机自检	通常先开电脑再开仪器；先开泵的开关再打开检测器开关
7	与计算机工作站联机	仪器通过自检后，打开电脑，点击电脑桌面上工作站的图标，点击联机，使高效液相色谱仪与计算机工作站联机	有的仪器打开后可以自动与工作站联机
8	放空排液	打开放空阀，启动 Purge	Purge 目的是快速置换原管路中溶液、排路中的气泡；5min 以上
9	设定方法	依次设置各单元参数：高压输液泵甲醇-水（45∶55），进样各 10μL，柱温箱 30℃，检测器波长 274nm	可以适当微调，范围 ±10%
10	加载方法，平衡系统	让仪器运行设定的方法平衡系统	氘灯预热需 30min，柱压与柱温稳定；基线与横轴平行连续 10min 及以上为止
11	实时采集	单次采集或序列进样采集	数据储存到指定文件夹中
12	创建处理方法和报告方法	打开数据处理模块，编辑数据处理方法	必要时启动手动积分方法
13	进样	分别把对照品溶液和供试品溶液各 10μL，注入液相色谱仪，查看色谱图记录相关结果	样品进入定量环时注意不能有气泡

【实验数据记录及结果处理】

1. 数据记录

该实验高效液相色谱仪的型号_____，色谱柱_____。

流动相：_____；流速：_____mL/min；柱温：_____℃；检测波长：_____nm。

项目	质量	纯度/%	体积/mL	保留时间/min	峰面积	水分 Q/%
标准品	____mg					—
试样1	____g					
试样2	____g	—				

2. 实验结果

结果	
试样1/%	
试样2/%	
相对偏差/%	
平均值/%	

计算公式：

【学习结果评价】

序号	评价内容	评价标准	评价结果（是/否）
1	能准确处理供试品溶液及配制对照品溶液	容量瓶、移液管（或吸量管）及电子天平的正确使用，溶液配制的正确步骤	
2	能正确操作高效液相色谱仪	正确使用操作仪器，正确进行参数设置、数据保存	
3	计算出供试品溶液的含量，进一步判定是否符合标准规定	能计算得出供试品溶液的浓度，并计算出含量	

实验能力训练十一

高效液相色谱法测定甲硝唑片中甲硝唑的含量

本品含甲硝唑（$C_6H_9N_3O_3$）应为标示量的93.0%～107.0%。

【仪器及用具】

高效液相色谱仪、ODS色谱柱、万分之一天平、十万分之一天平、50mL容量瓶、100mL容量瓶、5mL移液管、2mL一次性注射器、有机滤头、抽滤瓶、有机微孔滤膜、胶头滴管、封口膜、1L玻璃流动相瓶、1000mL容量瓶、1mL吸量管等。

【试剂和药品】 甲硝唑片、甲硝唑对照品、甲醇（色谱纯）、纯化水。

【实验内容及操作过程】

序号	步骤	操作方法及说明	操作注意事项
1	供试品溶液的制备	取本品20片，精密称定，研细，精密称取细粉适量（约相当于甲硝唑0.25g），置50mL容量瓶中，加50%甲醇溶液适量，振摇使甲硝唑溶解，用50%甲醇溶液稀释至刻度，摇匀，滤过，精密量取续滤液5mL，置100mL容量瓶中，用流动相稀释至刻度，摇匀	《中国药典》凡例中细粉的定义；精密称定所选适合分度值天平及称量范围；根据不同规格称取甲硝唑片粉末的质量；振摇的注意事项；续滤液的取用方法；过0.45μm的有机微孔滤膜
2	对照品溶液的制备	取甲硝唑对照品适量，精密称定，加流动相溶解并定量稀释制成每1mL中约含0.25mg的溶液	对照品来源、批号、纯度；对照品精密称定所选分度值天平及称量范围；定容液面与刻度线相切；过0.45μm的有机微孔滤膜
3	流动相的处理	先将甲醇和纯化水进行抽滤，再用超声波清洗机进行脱气。以甲醇-水（20∶80）为流动相，单泵需预混配制适量流动相，二元泵以上可以直接选择两相在线混合	甲醇选用色谱纯；流动相需用0.45μm的微孔滤膜抽滤；超声脱气
4	更换色谱柱	将C_{18}色谱柱按溶液流向拧紧后，固定在色谱柱卡扣上，关上柱温箱门	防止漏液
5	替换流动相	将流动相替换为目的流动相	替换前一定要先确定替换前后的两种流动相是否互溶。当替换为互不相溶的流动相时，请一定先用能够溶解双方的流动相完全替换后，再替换为目的流动相
6	开机	依次按下各单元按钮，仪器开机自检	通常先开电脑再开仪器
7	与计算机工作站联机	仪器通过自检后，打开电脑，点击电脑桌面上工作站的图标，点击联机，使高效液相色谱仪与计算机工作站联机	有的仪器打开后可以自动与工作站联机
8	放空排液	打开放空阀，启动Purge	Purge目的是快速置换原管路中溶液、排路中的气泡；5min以上
9	设定方法	依次设置各单元参数：高压输液泵甲醇-水（20∶80），进样各10μL，柱温箱30℃，检测器波长320nm	可以适当微调，范围±10%
10	加载方法，平衡系统	让仪器运行设定的方法平衡系统	氘灯预热需30min，柱压及柱温稳定；基线与横轴平行连续10min及以上为止
11	实时采集	单次采集或序列进样采集	数据储存到指定文件夹中
12	创建处理方法和报告方法	打开数据处理模块，编辑数据处理方法	必要时启动手动积分方法
13	进样	分别把对照品溶液和供试品溶液各10μL，注入液相色谱仪，查看色谱图记录相关结果	样品进定量环时注意不能有气泡

【实验数据记录及结果处理】

1. 数据记录

该实验高效液相色谱仪的型号_____，色谱柱_____。
流动相：_____；流速：_____mL/min；柱温：____℃；检测波长：_____nm。

项目	质量	纯度 /%	体积 /mL	保留时间 /min	峰面积	水分 Q/%
标准品	____mg					—
试样 1	____g	—				
试样 2	____g	—				

2. 实验结果

结果	
试样 1/%	
试样 2/%	
相对偏差 /%	
平均值 /%	

计算公式：

【学习结果评价】

序号	评价内容	评价标准	评价结果（是/否）
1	能准确处理供试品溶液及配制对照品溶液	容量瓶、移液管（或吸量管）及电子天平的正确使用，溶液配制的正确步骤	
2	能正确操作高效液相色谱仪	正确使用操作仪器，正确进行参数设置、数据保存	
3	计算出供试品溶液的含量，进一步判定是否符合标准规定	能计算得出供试品溶液的浓度，并计算出含量	

参考文献

[1] 武汉大学.分析化学（下册）[M].5版.北京：高等教育出版社，2007.

[2] 毛金银，杜学勤.仪器分析技术[M].2版.北京：中国医药科技出版社，2017.

[3] 梁生旺，万丽.仪器分析[M].3版.北京：中国中医药出版社，2012.

[4] 李发美.分析化学[M].6版.北京：人民卫生出版社，2008.

[5] 华中师范大学，陕西师范大学，东北师范大学.仪器分析[M].3版.北京：高等教育出版社，2001.

[6] 曾元儿，张凌.仪器分析[M].北京：科学出版社，2007.

[7] 王艳红，刘福胜.仪器分析[M].北京：化学工业出版社，2021.

[8] 尹华，王新宏.仪器分析[M].北京：人民卫生出版社，2012.

[9] 张威.仪器分析[M].2版.北京：化学工业出版社，2020.

[10] 任玉红，闫冬良.仪器分析[M].北京：人民卫生出版社，2018.

[11] 曾泳淮.分析化学（仪器分析部分）[M].3版.北京：高等教育出版社，2018.

[12] 董慧茹.仪器分析[M].3版.北京：化学工业出版社，2016.

[13] 张俊霞，王利.仪器分析技术[M].重庆：重庆大学出版社，2015.

[14] 李继睿，杨迅，静宝元.仪器分析技术[M].北京：化学工业出版社，2010.

[15] 张佳佳，王建.药品质量检测技术[M].北京：中国医药科技出版社，2021.

[16] 吕华瑛，王英.中药化学技术[M].4版.北京：人民卫生出版社，2020.

[17] 张海丰，杜学勤.药品分析检验试验操作技术[M].2版.北京：北京科学技术出版社，2019.

[18] 孙毓庆.仪器分析选论[M].北京：科学出版社，2005.

[19] 丁晓萍.仪器分析[M].3版.北京：化学工业出版社，2022.

[20] 魏培海，曹国庆.仪器分析[M].2版.北京：高等教育出版社，2013.

[21] 胡劲波，秦卫东，李启隆.仪器分析[M].2版.北京：北京师范大学出版社，2008.

[22] 全国食品药品职业教育教学指导委员会，国家药品监督管理局高级研修班学院.药品质量检测技术[M].北京：中国医药科技出版社，2021.

[23] 赵艳霞，段怡萍.仪器分析应用技术[M].北京：中国轻工业出版社，2013.

[24] 中国食品药品检定研究院.中国药品检验标准操作规范（2019版）[M].北京：中国医药科技出版社，2019.

[25] 国家药典委员会.中华人民共和国药典[M].北京：中国医药科技出版社，2020.